湖州绿绸 档案文献图鉴

湖州市档案馆 编

西泠印社出版社

编辑委员会

主　　　编：陆利明

副 主 编：沈永明　杨志祥　胡川青

执 行 主 编：唐志攀　沈建芳

执行副主编：郑　程　潘一晨

特 邀 编 辑：钱学明　慎一虹

编　　　委：盛良君　吴申声　张　剑

　　　　　　陈国强　邱　红　袁玉武

　　　　　　顾琪琪　顾杰菲　倪丽丽

　　　　　　陆学敏　浦丽芳

图 片 处 理：葛　阳

序

位于太湖南岸的湖州，自古就有"鱼米之乡、丝绸之府"的美誉，丝绸文化源远流长。翻开历史的卷轴，生活在这片土地上的先民，在4000多年前就开始种桑、养蚕、缫丝。湖州丝业经过两晋、南朝的奠基和唐、宋、元的兴盛，到明朝中叶进入繁盛期，为湖州奠定了"丝绸之府"的地位。

辑里湖丝作为湖丝中的佼佼者，以其卓越的品质和精湛的工艺，在古今中外赢得了广泛的赞誉。辑里湖丝原产于南浔七里村。明代，七里村人以改良蚕种"莲心种"缫制细丝，而缫丝所用水源，采自村内水质极好的雪荡河。辑里湖丝不仅具有细、圆、匀、坚、白、净、柔、韧八大特色，而且丝身光洁柔润，富于拉力，成为丝中极品。清代内务府规定，凡皇帝、后妃所穿的龙袍、凤衣，都必须用辑里湖丝为原料，由地方按数纳贡。

散发着熠熠光泽的辑里湖丝，不仅得到皇家青睐，还走出国门、名扬海外。1851年，湖丝在英国伦敦世博会上亮相，并荣获大奖，一举惊艳西方世界。随后，湖丝先后在都灵博览会、巴拿马博览会、万国丝绸博览会等多个国际赛会中荣获大奖。此外，湖丝还先后在南洋劝业会、西湖国际博览会等国内赛会中获奖。这让湖丝成为享誉海内外的名品。

依靠优质的湖丝，一批湖州商人赚得盆满钵满。上海开埠后，这些商人将优质的湖丝运到上海，再通过海上运输行销欧美。正是靠着经营丝业，以"四象八牛七十二金狗"为代表的富商群体由此诞生。他们在商海沉浮中书写了"湖商传奇"，并对中国的经济、政治、社会、文化等产生了深远的影响。

　　蚕丝业的发展，不仅为湖州赢得"衣被天下"的美誉，也沉淀了悠久的丝绸文化。1934年夏，湖州适逢百年大旱，钱山漾湖底干涸。湖州籍考古学家慎微之先生借此机会，采集到大量磨制石器进行研究，并于1937年在《江苏研究》发表了重要论文《湖州钱山漾石器之发现与中国文化之起源》，使得沉睡了数千年的钱山漾遗址进入世人的视野，揭开了钱山漾遗址的神秘面纱。钱山漾遗址后来经过多次挖掘，出土的绸片、丝带、丝线距今4000多年，是我国迄今发现年代最早的家蚕丝织物之一。4000多年的岁月虽然磨砺了丝织物曾经的美丽光泽，却是钱山漾遗址成为"世界丝绸之源"最有力的佐证。2015年，湖州被正式命名为"世界丝绸之源"。

　　今天，湖州正大力开展"在湖州看见美丽中国"实干争先主题实践。湖州市档案馆积极投身主题实践，以本馆馆藏资源为基础，征集有关档案馆、博物馆的湖州丝绸档案，借助社会收藏家的相关文献，编纂《湖州丝绸档案文献图鉴》。该书包含了官方和民间记忆，并以图文并茂的形式，展示"丝绸之府"的历史文化底蕴。

鑒核為荷此致

第三區繰絲工業同業公會

中華民國三十五年·八月十三日

目　录

第一章 文书类

纤纤蚕丝，编织出绵延千年的蚕桑丝织产业。回溯历史，湖丝以其独特的魅力和绚丽色彩，不仅成为皇家御用珍品，还在国际舞台上大放异彩。

这一章主要展示了湖丝在文书档案中的记载，时间跨度主要为清代乾隆年间至民国时期。从这些档案中我们可以看出，清代湖丝主要供皇家和官府使用。无论是内务府，还是江宁织造、苏州织造和杭州织造，都需要用到湖丝。当时，不仅国内有需求，国外同样有很大使用量。清代乾隆年间，政府实行"闭关锁国"后，"四口通商"改为"一口通商"，并限制湖丝出口，给其他国家的丝绸贸易造成极大的不便。本章中的相关档案再现了当时英国等西方国家对进口湖丝的迫切心态。

鸦片战争后，中国被迫开放系列通商口岸，上海就位列其中。湖州丝商抓住上海开埠的机遇，将丝绸运到上海销售并出口海外，积累了大量的财富，书写了"四象八牛七十二金狗"的传奇。

民国时期，湖丝依然扮演着重要角色，频频出现在国内外诸多博览会上，成为展示国家实力的载体。这些博览会的报告和记载就是有力的证明。

此外，这些文书档案还包括了"丝业名镇""菱湖建设协会""蚕桑学校""同业公会"等各种内容，记录了行业的繁荣景象，成为"湖丝甲天下"的有力注脚。

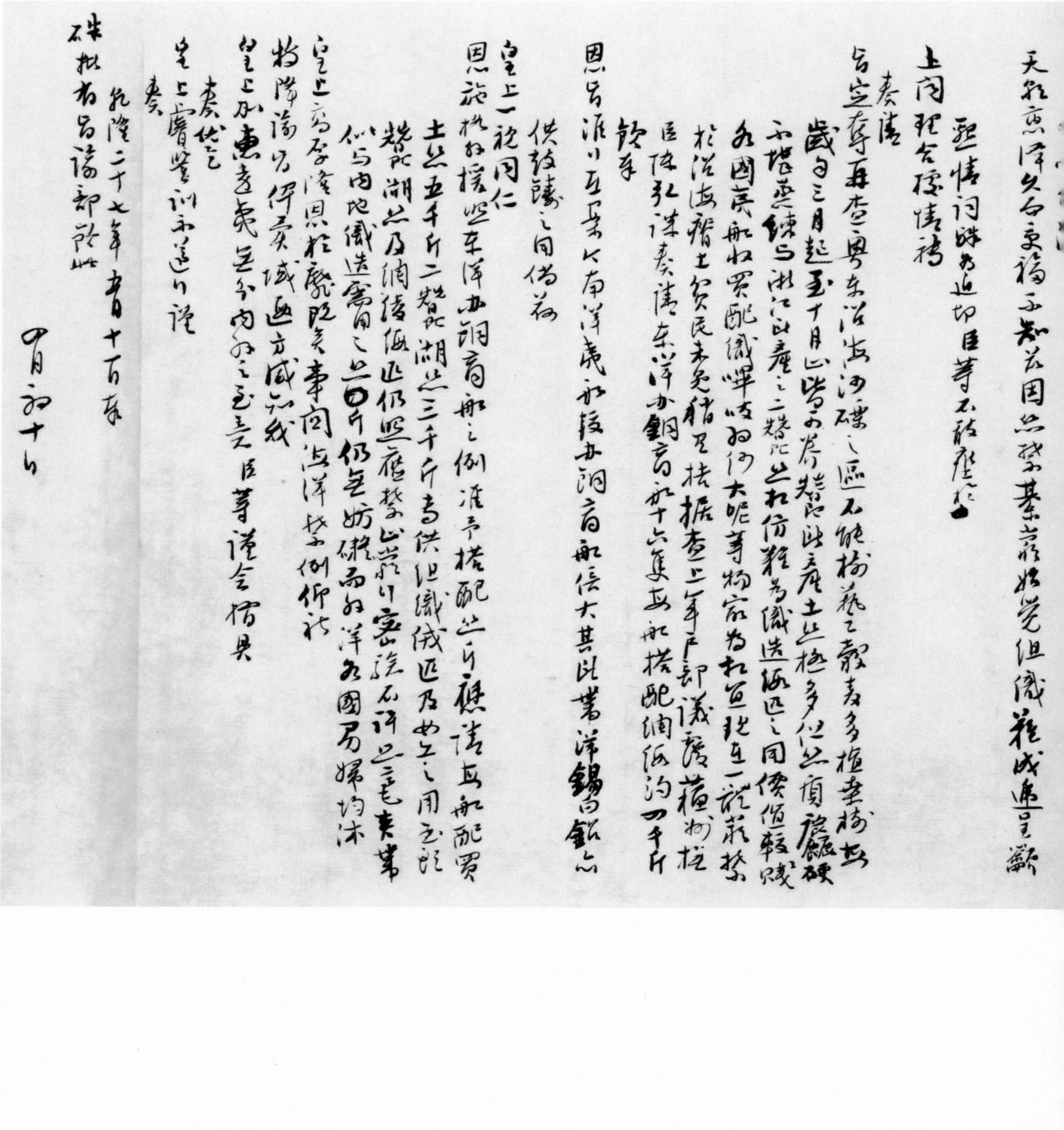

题名：清乾隆二十七年（1762）广东巡抚托恩多、两广总督苏昌和粤海关监督尤拔世奏折

来源：湖州市博物馆提供

按：从这份奏折可以看出：英国商人伯兰以"禁止丝斤，其货艰于成造"为由，请求购买中国丝绸。广东在处理英国商人的请求时，按照东洋办铜商船配搭绸缎的惯例，每艘外国船只只准贩运土丝5000斤、二蚕湖丝3000斤，而头蚕湖丝和绸、绫、缎匹，一律禁止出口。

当时，由于出洋丝绸过多，国内丝绸价格上涨。因此，朝廷对丝绸出洋进行了严格的限制，但国内丝绸的价格并未下降。

蚕戶分玖壹壹里壹产内一半经之每两银壹钱壹分壹厘壹分第一等加给红……

蚕戶分玖壹壹里壹等因各具印結申送前來查與本織造委員採買價值均屬

相符除經轉呈

戶部外相應呈送爲此合呈

王大人請祈詧照施行湏至呈者

計呈送印結爲紙

右　　呈

總管內務府

乾隆貳拾柒年玖月　　　　貳拾　　日

管理江寧織造魚等龍江西新

旨議奏事案准

內務府照會畫一案匀絲斤價值奏准

戶部

上用經絲每兩定價銀捌分貳釐遇貴加增銀示

重綫絲每兩定價銀柒分伍釐遇貴加增銀示

题名： 清乾隆二十七年（1762）江宁织造兼管龙江西新关税务彰宝给内务府和户部的呈文

来源： 湖州市博物馆提供

按： 这份江宁织造给内务府和户部的奏章，对皇帝所用的南浔和双林的经纬绒丝、经丝、纬绒丝价格，以及官府所用的新市经纬绒、经丝、纬绒丝价格，进行了详细汇报。江南三织造是清代宫廷设在江宁（今南京）、苏州、杭州三处专为"上用""官用"制作皇家服饰用品的织造机构，直属于内务府。

题名： 清乾隆二十八年（1763）署理两广总督明山奏折

来源： 中国第一历史档案馆提供

按： 署理两广总督明山在奏折中提到，凡是贩运来广东的湖丝，必须先经过南雄府和韶州府，才能到广州和佛山销售。按照规定，每艘船只能买土丝5000斤、二蚕湖丝3000斤，共8000斤。外国商船都遵照此规定执行。偶尔会有商船携带丝织品，需要统一算在8000斤丝内。

乾隆二十二年（1757），清政府将此前的闽海关、浙海关、江海关全部关闭，通商口岸只限于广东一地，外来商船只许在广州十三行交易。"四口通商"变成了"一口通商"。"一口通商"后，乾隆帝将丝绸的出口政策调整作为敲打西洋商人的工具。配额大体稳定在"限每船许配土丝5000斤、二蚕湖丝3000斤，至头蚕湖丝及绸缎、绫匹仍禁"。

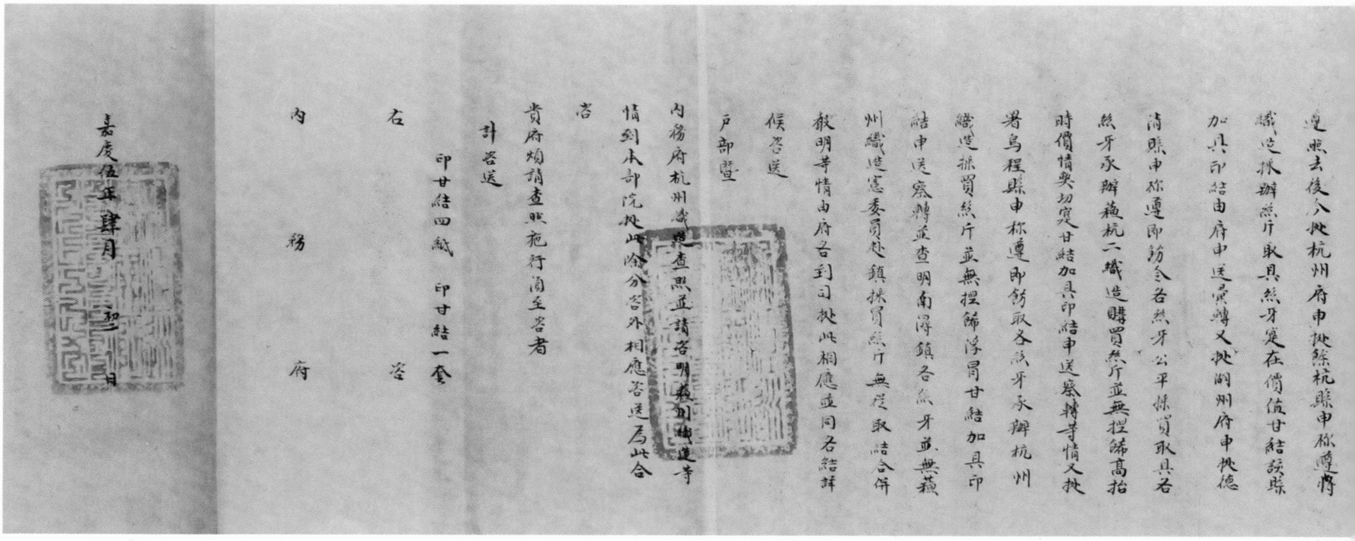

遵照去後今據杭州府申據條杭縣申稱遵將
織造採辦絲斤取具絲牙實在價值甘結該縣
加具印結由府申送覈轉又據湖州府申據德
清縣申稱遵即飭令各絲牙公平採買取具各
絲牙承辦蘇杭二織造購買絲斤並無捏飾高抬
時價情弊切實甘結加具印結申送察轉等情又據
署烏程縣申稱遵即飭取各絲牙承辦杭州
織造採買絲斤並無捏飾浮冒甘結加具印
結申送察轉並查明南潯鎮各絲牙並無蘇
州織造憲委員赴鎮採買絲斤無從取結合併
敘明等情由府各到司據此相應並同各結詳
候咨送
戶部暨
內務府杭州織造衙門查照並請咨明蘇州織造等
情到本部院據此除分咨外相應咨送爲此合
咨
貴府煩請查照施行須至咨者
計咨送
印甘結四紙　印甘結一套
右　咨
內　務　府
嘉慶伍年肆月初三日

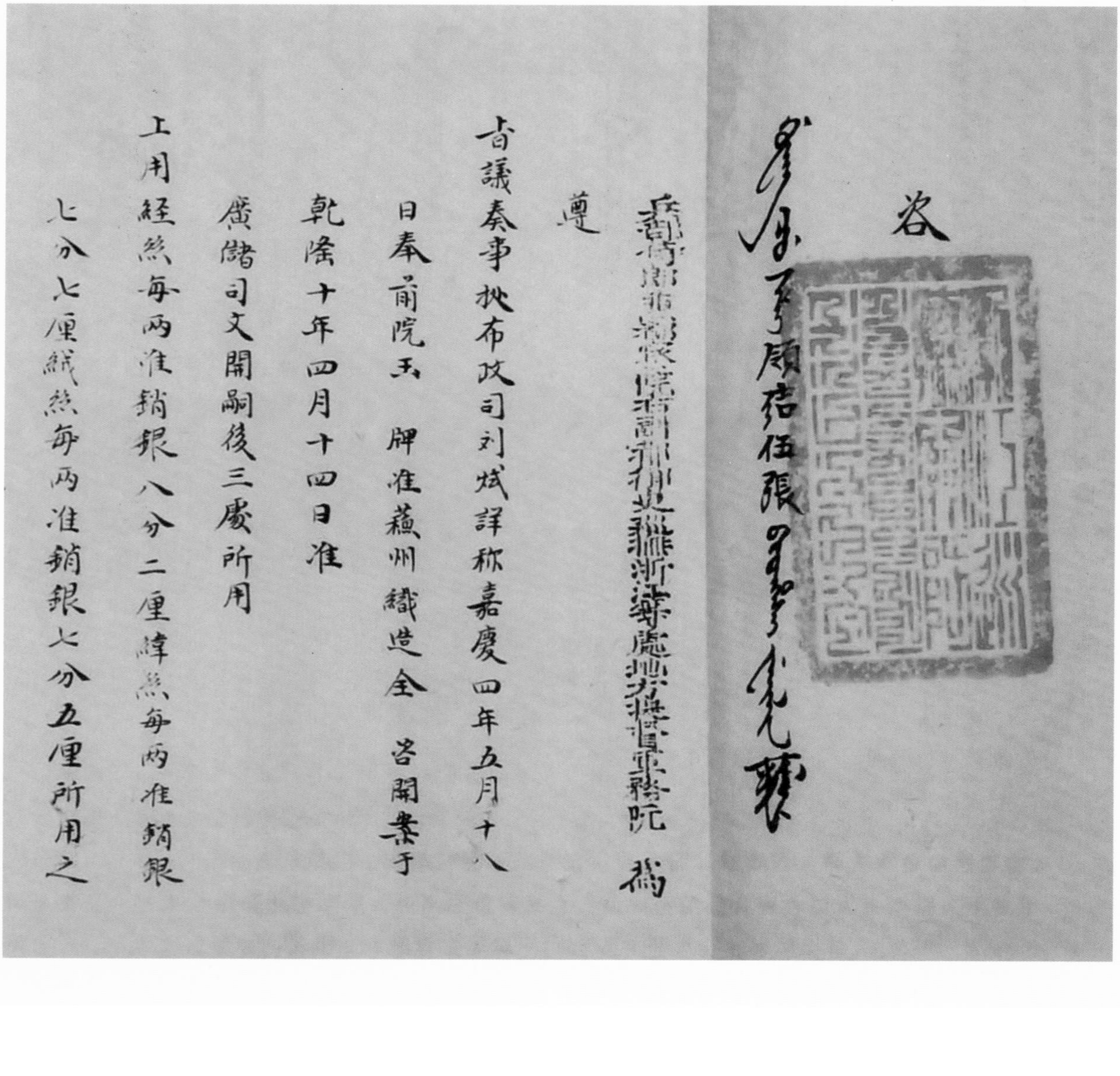

咨

兵部侍郎兼都察院右副都御史巡撫浙江等處地方提督軍務阮　為
遵
旨議奏事據布政司劉烒詳稱嘉慶四年五月十八
日奉前院玉　牌准蘇州織造全　咨開案于
乾隆十年四月十四日准
廣儲司文開嗣後三處所用
上用經絲每兩准銷銀八分二厘緯絲每兩准銷銀
七分七厘織絲每兩准銷銀七分五厘所用之

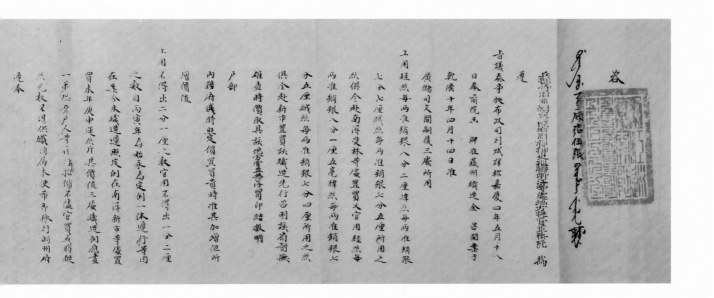

题名：清嘉庆五年（1800）采办湖丝给内务府的咨文

来源：湖州市博物馆提供

按：从这份咨文可以看出，从1749年开始，皇帝使用的经丝每两价格为8分2厘，每两纬丝价格为7分7厘，每两绒丝价格为7分5厘。这些湖丝全部从南浔、双林等地采办。官府使用的经丝每两价格为8分1厘5毫，每两纬丝价格为7分5厘，每两绒丝价格为7分4厘，这些湖丝全部从新市采办。此外，乌程县报告，丝牙（丝中介）在承办杭州织造的生丝购买过程中，并没有虚报价格的现象。

题名：清"嘉庆通宝"铜钱（正、反面）

来源：钱学明提供

按：图为"嘉庆通宝"铜钱正反面，上面有"五谷丰登、鱼蚕万倍"字样。

催解稿底

織染局呈為咨催事查本局每年織辦活計需用石門七里絲紬

歷向戶部轉行浙江巡撫委員辦送在案本年備辦

上用活計及支發各處材料照例需用石門絲九百斤七里絲一

百斤等因呈明於本年四月咨行戶部轉行該省本在

案查定例每年兩行絲紬例限於八月內解到投交本

局以備應用乃近年以來所交絲紬不惟粗糙難用且連

至來年三四月間始行解到本局織辦各項活計屢致

時現在趕辦   並緊牙

上用活計以及各處急行應用材料在在均關緊要茲再逐案

來年三四月間解到本局不免之用所關匪輕相應

呈明

堂台批准咨行戶部轉催該省派委妥員揀選潔白無

油條幹勻净上等高絲紬兩秤並作速於本年十月內

解交本局以備應用仍視為具文以致遷延貽悞

                                                                   未便為此具呈

道光叄年

四月初七日由堂抄出戶部為行取事浙江司按呈准浙江

巡撫富呢揚阿將浙省解道光十年分石門七里絲斤差委

義烏典史王清照赴部交納並擄布政使呈報前來應將

解到石門絲九百斤七里絲一百斤派本司官一員帶同該

解員投交內務府照數查收俟收明之日即行咨覆過部

以便給發枕廻可也須至咨者

道光拾壹年

堂抄戶部來

文浙江解到司

由石門七里絲斤

　　員　外　郎
　　員　外　郎

　　　庫　　
委署　司　庫　

题名： 清道光十一年（1831）内务府抄户部有关湖丝的咨文

来源： 湖州市博物馆提供

按： 这份咨文提到，浙江巡抚富呢扬阿委派义乌典史王清照，将上一年度石门丝、七里丝上交。此外，布政使也提到将900斤石门丝、100斤七里丝上交内务府。清代织染局用丝以浙江丝为主，七里丝就在其中。

此外，从落款的司库、员外郎等官职可以推断，文中的本司应为内务府广储司。咨文是清代一种平行文书，主要是各部院之间，部院与各省总督、巡抚等之间往来的一种文书。

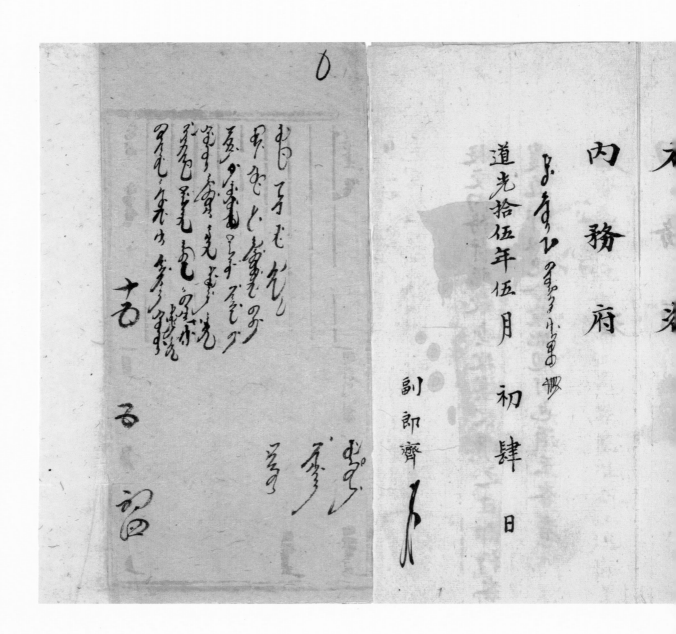

道光拾伍年伍月初肆日

内務府

副郎齊

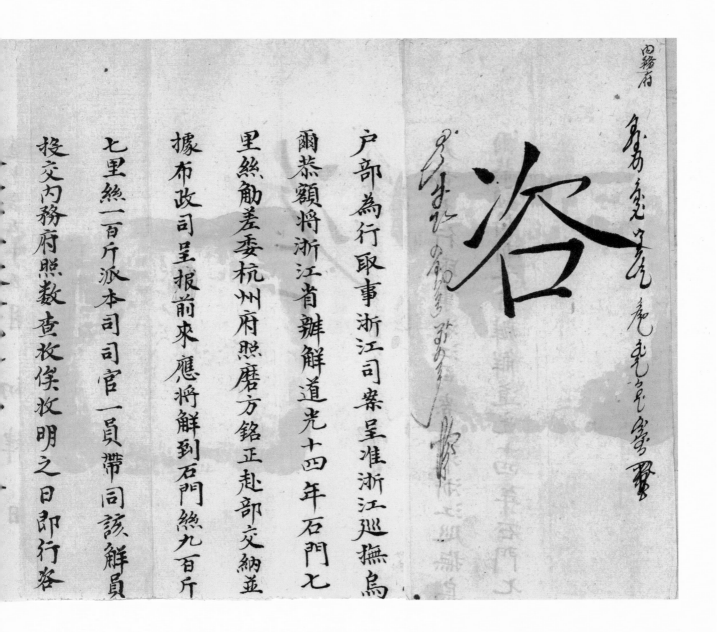

题名：清道光十五年（1835）内务府咨文

来源：中国第一历史档案馆提供

按：从这份咨文可以看出，浙江巡抚乌尔恭额委托杭州府照磨方铭正，将浙江省上一年度应缴纳的石门丝、七里丝上交。根据布政司的呈报，应缴纳的900斤石门丝、100斤七里丝，已经交到内务府。"照磨"是古代的一种官职，主要负责磨勘和审计工作。

《钦定大清会典则例》卷三十八载："上用丝每两经丝准销银八分二厘，纬丝准销银七分七厘，妆绒丝准销银七分五厘，均于浙江之南浔、双林二处置买。"可见，皇帝用丝主要从南浔、双林购买。这些都足以证明湖丝品质之高。

江防道經蘇州與臣孫善寶西為籌商江蘇情

形與閩浙不同向來海運茶葉絲斤綢緞上海

地方例本禁止出口未便議請更張且湖絲出

自浙江茶葉產於福建由閩浙兩路赴臺均屬

近便無取紆道上海即綢緞一項江浙兩省均

為出產處所由蘇州內河至浙江一水可達不

必特開例禁准令上海出口致啟奸商影射避

重就輕之漸查臺灣府屬民用前三項貨物既

經閩浙督臣奏准給照販運兹寧波乍浦兩處

又經浙江撫臣議請給照販運赴臺已數臺民

食用之需所有茶葉湖絲綢緞由上海出口之

處應請仍行停止以復舊章謹將臣等分別籌

議緣由會同浙江巡撫臣梁寶常合詞恭摺具

奏伏乞

皇上聖鑒訓示謹

奏

依議依部議道

道光二十四年五月　二十四

日

乞聖鑒謹奏咸豐九年四月初一日奉硃批知道了欽此

壓并諭令只准三四人往觀數日即回上海合附陳明伏

意是以飭杭嘉湖道葉堃轉飭該地方官妥為彈

以便該國學習等語臣因其仰慕中華蠶政并無他

利斯根來見求准其差夷人往湖州府看民間蠶桑

三月十六日敏體呢帶同李梅葛斯德拉尼斐爾斯及

拜謁臣接見之下該夷甚屬恭順次日仍回上海本年

同神權教務鐸德傳道安岡壓思緧譯官李梅來浙

再上年十二月十三日有駐紮上海寧波啼夷領事敏體呢

咸豐九年四月初一日　胡興仁片

题名：清咸丰九年（1859）浙江巡抚胡兴仁奏折

来源：湖州市档案馆提供

按：该奏折提到，法国总领事敏体呢带领翻译官李梅、葛斯德拉尼（部分文献音译为"卡斯特拉尼"）、斐尔斯、利斯根，请求允许他们到湖州府看老百姓养蚕，以便他们回去教该国养蚕从业者学习。考虑到他们只是仰慕我们国家的养蚕之法，并没有其他意图，就让杭嘉湖道台叶堃进行安排，但只允许他们三四个人前往，结束后马上回上海。

19世纪中叶，肆虐欧洲的蚕微粒子病重创意大利的丝绸生产。为了寻找健康蚕种，意大利蚕桑专家卡斯特拉尼率领队伍前往湖州学习。

諭

辦理菱湖絲茶釐局黃 為

諭飭事照得本月初三日接奉上年十

二月二十七日

府局憲札開湖屬絲捐開浚淥港經費

前定按包抽收洋一元原議截至本年

十二月底即行停止在案惟查此項淥

港經費除抽捐歸墊外統計尚短墊用

公欵錢五萬餘串業經本局查謀稟奏

各大憲批准飭於十三年正月初一日

起按絲一包收洋五角藉以籌還一俟

收足即行停止如此辦理庶乎欵既淥

彌補亦足以休恤商情等因到局奉此

合行諭飭諭到該官行立即傳諭各絲

行所有本年絲捐除減去淥港捐洋五

角外統計每包應收洋二十六元五角

如遇寒絲仍按斤計兩照章核收務須

源源報解藉供要需毋得稍有舛錯致

干未便切切特諭

右諭官行陸亨榮 唐廣豐 知悉

同治十三年正月 日

題名：清同治十三年（1874）菱湖絲茶釐局絲行納捐諭

來源：湖州市博物館提供

按：在这份丝行纳捐谕中，菱湖丝茶厘局提到为开浚淥港，原来丝捐按照每包抽取一元执行，并实行到同治十三年十二月底截止。如今因疏浚淥港经费还差5万多串钱。为此，经批准，从同治十三年正月初一开始，按照每包丝收取5角进行办理。等到钱款收足后，就不再收取。如此一来，本年的丝捐除去疏浚淥港的5角捐洋外，每包应收26元5角。这件事情由官丝行陆亨荣、唐广丰立即通知菱湖各大丝行。

諭

辦理菱湖絲茶釐局黃　為

諭飭事照得本月初十日奉
府局憲札開核減絲捐一案現經詳定自
十四年正月初一日為始於絲捐塘工經
費洋肆元內減收壹元陸角以示體郵其
滙捐善後二欵仍與正捐照章抽收札局
遵照轉飭等因奉此合亟諭飭　諭到該
官絲行即便傳諭各行自十四年正月初
一日為始一律遵照
憲札辦理毋得舛錯切切特諭
右諭陸亨榮官絲行知悉
　　唐廣豐官絲行知悉

同治十三年十一月十五日

题名：清同治十三年（1874）菱湖丝茶厘局丝行纳捐谕

来源：湖州市博物馆提供

按：在这份丝行纳捐谕中，菱湖局奉湖州府局的命令，决定从同治十四年（1875）正月初一开始，用于修筑堤塘的丝捐由原来的4元少收1元6角，用来表示体恤之意。这件事情由官丝行通知到各大丝行遵照执行。

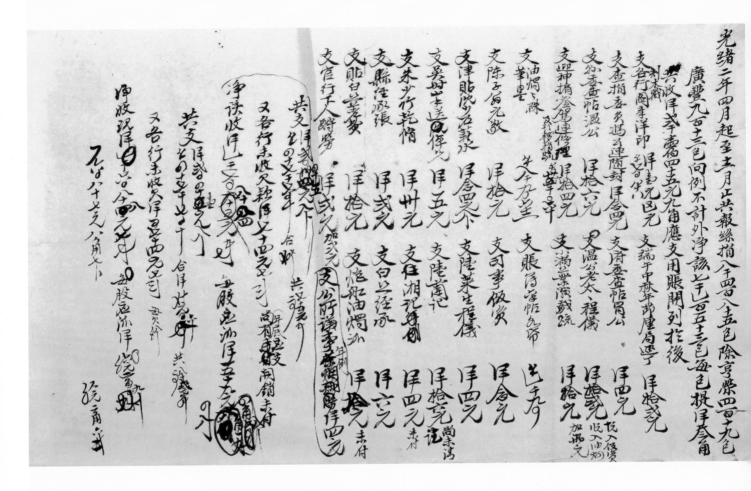

题名：清光绪年间丝捐账册

来源：湖州市博物馆提供

按：丝捐是所有丝商要缴纳的税款。从这份丝捐账册中可以看出，其计时间为清光绪二年（1876）四月至十二月，共报丝捐8485包，除去亨荣和广丰两个官丝行的1332包外，剩余的7153包每包提取3角钱，一共2145.9元。

俞樾在《菱湖镇志》序言中提到，国家岁入税厘大半出于丝捐，丝捐以湖郡为最，湖郡又以菱湖为最。菱湖的丝市，康熙年间即有"前后左右三十里"，周围67个村庄多产蚕丝，"皆鬻于菱湖市中"。至光绪年间，镇上大小丝庄、行鳞次栉比。其中，杨万丰、唐广丰、陆鼎茂、钱宏顺等几家实力非常雄厚；唐广丰丝行的"金麒麟牌"信誉最优，蜚声海外。

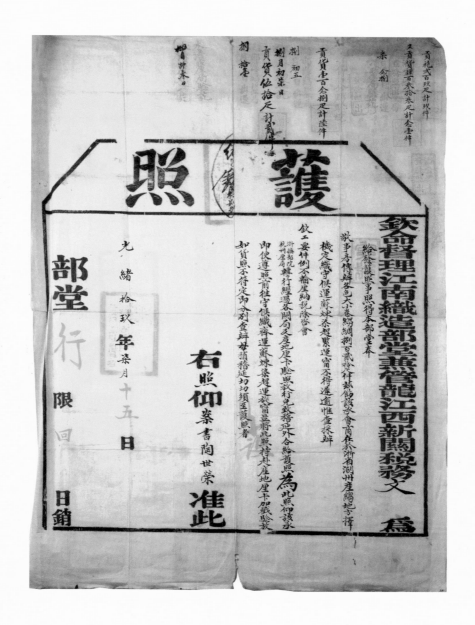

题名：清光绪十九年（1893）护照

来源：中国丝绸博物馆提供

按：这张护照属于免税护照。从护照的正文来看，它是由钦命督理江南织造部堂发行给承会商陶世荣。护照要求浙抚部院、杭州厘局、经过的各关局及产地厘卡时，在验明丝绸护照后，不仅要即刻放行人货，还要加以保护。这些丝绸在湖州织造，然后运往苏州进行练染，完成练染后马上运到南京。

护照左边长方形的章叫关防，一般右半边是汉文，左半边是满文。护照上方货物名称和数量下面，均盖有红色印章，用篆体刻"湖局图记"四字，上面还有潘公桥卡、湖郡丝绉厘局和苏州木渎厘局的验讫章。

物宜隨時公共由商部奏請派外出或由外務部查照向

達外情熟悉商務之員或即由外務部查照向

章奏請就近以駐使監理統俟屆時體察情形

由外務部商部會同酌議辦理至該大臣原奏

又稱散魯伊斯賽會之物移在黎業斯歲事時

應由總稅務司繕單呈請外務部轉咨商部存

案一面點交使署封存以備他國賽會之用等

語係為撙節經費起見應請照准以免糜費所

有臣等遵

旨議覆緣由謹恭摺具陳伏乞

皇太后

皇上聖鑒訓示再此摺係由商部主稿會同外務部

辦理合併陳明謹

奏

光緒三十一年八月　初　日

軍機大臣辦理外務部事務和碩慶親王臣　奕劻

欽差大臣辦理外務部尚書會辦大臣臣　瞿鴻禨

經筵講官和碩恭親王御前大臣軍機大臣臣　那桐

外務部左侍郎臣　聯芳

外務部右侍郎臣　伍廷芳

督辦政務商部尚書鑲白旗漢軍都統臣　戴振

商部左侍郎臣　陳璧

商部右侍郎臣　顧肇新

伊斯賽會之物移在黎業斯歲事時

務司繕單呈請外務部轉咨商部存

交使署封存以備他國賽會之用等

節經費起見應請照准以免糜費所

恭摺具陳伏乞

再此摺係由商部主稿會同外務部

陳明謹

奏　商部會外務部招　議覆楊兆鋆賽會宜由商部派員監督由

八月初七日

軍機大臣□理外務部事務□領□□貝勒等跪

奏為遵

旨會議具

奏事光緒三十一年六月二十一日准軍機處交

出使比國大臣楊兆鋆奏此後賽會宜由商部

奏派丞參一員先當監督一片本日奉

硃批外務部商部議奏欽此欽遵鈔出到部查原奏

內稱中國向來賽會皆由總理衙門飭總稅務

司派員辦理以兩人置辦之華貨所擇已未必精事

俊一紙報銷送以塞責閒有書據記述未嘗晚

示華商於工藝辦從考證近年設立商部提倡

商業漸具規模而賽會一事於商務極有關係

此俊宜由商部奏派熟悉商情丞參一員充當

監督於商務大有裨益等語臣等稿惟各國賽

會之舉要以鼓舞商情改良工藝為宗旨從前

賽會由總理衙門飭稅司派員赴賽原以風氣

初開為一時權宜之計茲設大臣請由商部奏

派丞參監督自是正辦惟各國會事往往開歲

商務或駐上海聯絡商情而辦理著中一應事

一舉商部頒設丞參四員有時或往外埠考察

题名： 清光绪三十一年（1905）奏为遵议出使比国大臣杨兆鋆奏请此后赛会宜由商部派员监督事

来源： 中国第一历史档案馆提供

按： 杨兆鋆（1854—1917），字诚之，号须圃，湖州人。1904年，作为清王朝出使比利时钦差大臣，杨兆鋆面临着一项大工程：为第二年的列日世博会建造中国展馆。有人建议，中国馆应该建成欧式风格，以示"与列强平坐"。杨兆鋆的想法却不一样，一定要把中国风打出去。1905年2月，拥有牌楼、凉亭、宝塔和飞檐斗拱的中国馆建成。杨兆鋆上任伊始，即将赛会会章译成中文，分送外务部商部，转发给各省"出示招商"。参展华商总计17家，陈列商品"粲然可观"，所售商品有茶叶、瓷器、景泰蓝、绣货、绸缎、古玩、玉器、雕刻、木石等。此外，杨兆鋆还了解经济动态。在列日世博会上出现的假丝（人造丝）引起了出生于丝商家族的杨兆鋆的高度警觉，他收集样品，了解工艺，致函外交部和上海总商会，敦请"大部预防，晓示其害"。

高其值於近来百物腾涌人工倍加以从例以首六七
分折经营此倡办伊始经费未必能充俻摇经尽雇并
工则工偿虽廉而积少成多一时亦安能充锥教务设一学
堂编招近乡女士肄业其间彼既可肴膳修此六亲
给工偿一俟学成之後另招学习进退任其自由多控

经之人即增一地方之利並无摇经之能力尤多三等最優
者每日可摇十餘疋凡在乎常手疋继以五六两为限而
助学不过二三两而已使摇女工百人以摇经所得之值供
女工所食之资挹彼注兹所靡安费即聰械之用费教习
之辛资极为撑苻钧数千金可与癈矢

一宜设纺织公司以收利权 今欲以组织完善之以有由

原料园进于制造园之希望莫先考来纺织择其此最
多地方遴选智巧织匠二十人赴法义日本三园延聘
教习従学第一面招集股本倡设公司酌量仿制其
绸分为二種一尤山东之茧绸定價獨康以供平苦人
两用一宜仿其颜色光滑花样精巧因照制宜則其调料
不妨稍薄务贵长而且宽求合外洋衣服尺寸以期外

人所最忌用之重去岁西历六月英园进口纯丝绸正值吳
金五十二万四千零十疋磅而来自法园者占四万零四
千九百八十一磅是又中国之一大漏卮也若中国之精于化学
家提倡先势必与洋货敌商業前途其崑若其製恍使
品質果佳势必土貨勝而洋貨败商業前途其座蚕乎
以上四者皆为次良方法箪揣度现势黙究将来则摇经

一项最为切要使能仿行西法凡每力间辦之处准其
筹定预具列表呈明所需母财摤公揆湾儁场廣則揣
额六增通商且能被褫园值此商戰剧烈世代减不能不
早自乃谋撑揣施行谨禀即请
钧郅采撑施行谨禀
钧安伏维
慈鉴孙志瀛谨呈

题名: 清宣统元年（1909）菱湖商会会董孙志瀛禀

来源: 苏州市档案馆提供

按: 菱湖商会会董孙志瀛禀请：倡实业社会以资考究，用机器缫丝以求精良，兴摇经工艺以图进步，设纺织公司以收利权。以上都是改良的方法。在当时的形势下，实行"摇经"最为关键。

兴起于19世纪后半期的以电力运用为标志的第二次工业革命，使得资本主义国家的科学技术和工艺制造出现新的飞跃，丝绸工业更是展现出全新风貌。国外丝绸工业的迅速进步与中国传统丝绸行业的急剧没落形成的巨大反差，激发了丝绸业界有识之士深刻的危机感和忧患意识。

照錄菱湖商會會董孫志瀛稟

敬肅者志瀛近由杭府總會准奉
鈞諭轉飭九亖業研究設法改良收回權利芯因謹擬
一振興亖業之法仰祈
憲裁
一宜倡實業社會以資政究　查日本社會商務極力講

求故華產品質雖佳而以美國名絕大行銷之地亲觀
美洲亞西亞公五月報所載華亖亖有增減而日亖每
歲遞增一兆磅其振興之速舍今社會提倡而以日本
且於在意法衣國更至論矢其育鹽之最次者莫九
俄國現經商人聽相師法昔以蠶子既一速諸脫尼克
令重勺緞／收蠶既一分脫縈令能以一速諸脫尼克而得繭二

其工價啟以速成尥貴墓亖以十數繭何下者其亖條
肥粗半由於亖亲妥怪美人論其輸入亖亖以妥意法最優
中國次之堂中國之亖貴果在意法之下何以獨速於亖
法之惟因其質不齊而已九欲奮以改良其繭亖亖以十
蠶為度少則更佳而求其亖細潔者臭美扵用機器
一法先擇機器償償貴可先由業亖官商設一公廠購畜機

一宜用機繅躁亖以求精良　中國之繅亖仍用古法其
亲半皆以不為之繅亖昡裁雇男工或用蠶懷五自貪

積獘非倡設亖社會不可
一宜用擇選蠶種之法則壹蠶種弱不知飼養之
法則多病養宜其亖未細潔染色多滯耳若欲除此
骨侭其舊不知揀選蠶種之法則壹蠶種弱不知飼養
分脫為亖國之亖業日興要皆與我亖貢獻倘我亖育蠶

亖工學習三五年後規模粗具遂漸推廣富以竟爭
勝於商戰之場耶
一宜興推經亖學以圖進步　就湖康亖牌兩論富以金麒
麟市價六百四十五兩至十亖間跌亖五百七十五兩昨年
麟亖領袖應查上海蠶亖蘭況光紈三十三年四月中金麒

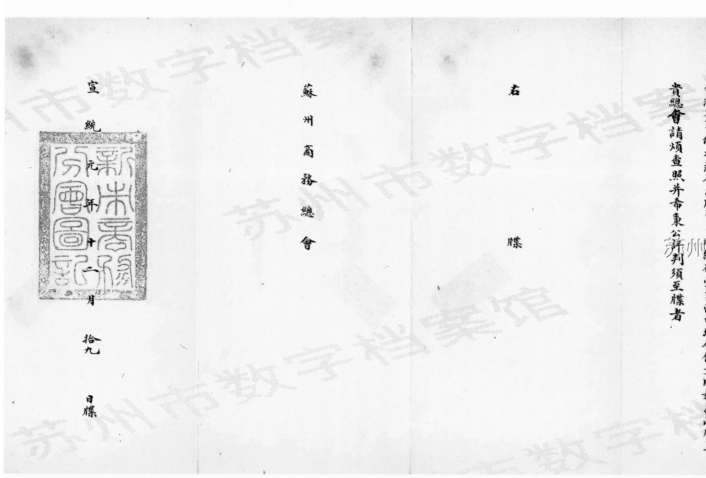

會徹查自堪水落石出所有吉祥絲行受票情由理合備文牒報為此牒呈

貴總會請煩查照并希秉公辦判須至牒者

右

牒

蘇州商務總會

新市商務分會總理程

牒呈事茲奉

孟復敬悉義裕莊票已交存

貴總會其中有如許葛情事業蒙行查菱湖商會在案但此票既入徽

鎮絲商周樹堂之手不得不究其底細報告

貴總會俾將來可以據理評斷查周樹堂係本鎮吉祥絲行經理詢據十

月間有菱湖人徐源清來行買絲先付莊票五百元均係本票與現洋無異即代

買成肥絲壹千五百八十八兩合計洋六百餘元因源清聲名平常囑其找清

然後發貨嗣收到現洋壹百零之元照數核訖絲亦交清詎料憑票收洋四百

元皆如期無誤此壹百元忽被止付但行家賣絲愛票既不便問其票之所自

來執票交絲亦不能究其所自往蘇間之如何受騙與己無干等語據此

即飭隨周樹堂到行吊閱簿記查得十月二十四日收票洋五百元十月二十

八日付絲七百八十一兩十一月初九日收現洋壹百零之元十月初十日付絲八

题名：清宣统元年（1909）新市商务分会之牒

来源：苏州市档案馆提供

按：这份新市商务分会给苏州商务总会的牒，对苏州商人买丝所产生的纠纷进行了回复。经过查阅账簿，新市镇吉祥丝行经理周树堂，在卖给菱湖人徐源清生丝的过程中，按照正常买卖流程进行，没有和买家串通行骗。至于徐源清买丝不交给苏州商人的行为，建议由菱湖商会彻查，以求水落石出。

牒是古代往来文书的文种名称之一，原指书写用的木片或竹片。

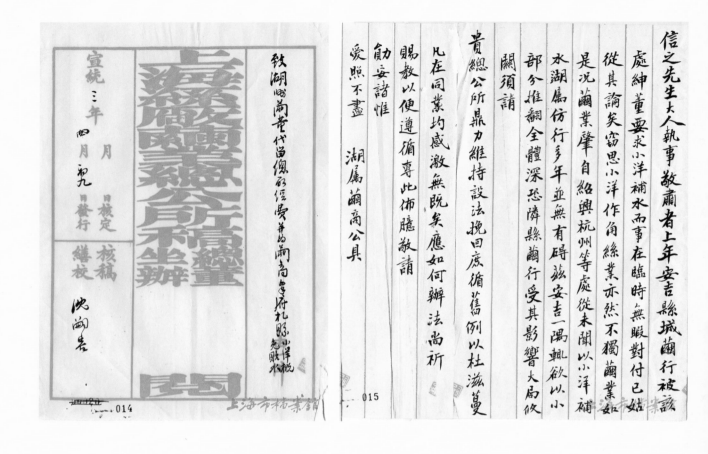

题名：湖州茧商致杨信之札

来源：上海市档案馆提供

按：湖州茧商向杨信之反映，宣统二年（1910），安吉县城的茧行被地方上有地位有势力的绅士、董事要求交小洋补水。但在杭州、绍兴等地，从来没有听到过类似的事情，只有安吉出现了这样的事情。这件事情影响很大，希望上海丝厂茧业总公所出面处理。"小洋补水"即"小洋贴水"，是指当时社会上使用的大洋、小洋，二者兑换时，小洋要贴补给大洋的费用。

宣统二年（1910），湖州丝商杨信之、沈联芳、顾敬斋等发起组织上海丝厂茧业总公所，负责考察丝厂、联合茧业、调解纠纷等。1915年，上海丝厂茧业总公所改组为江浙皖丝厂茧业总公所，在代表茧商与资产阶级工厂主利益，向政府争取权益，维护同业利益方面发挥了重要的作用。

公函

中
華
民
國
八
年
八
月

十
八

日

代
理
總
理
鈕
澤
晟

蘇
州
總
商
會

貴
總
會
查
照
者
即
轉
函

蘇
繼
稅
務
所
證
明
原
委
迅
予
放
行
以
安
商
旅
至
紉
公
誼
此
致

代
為
證
明
以
省
拖
累
相
應
函
請

維
商
族
等
由
甯
來
查
詢
各
節
確
係
實
在
情
形
自
應

絲
雑
槎
湖
絲
因
籍
地
用
揚
湖
絲
為
合
格
運
價
優
是
買
賣
中
應

用
濮
院
絲
行
圖
記
係
卑
票
所
換
掛
運
徽
純
然
是
買
賣
中
應

為
濮
院
絲
作
湖
絲
借
眪
臉
漢
章
盡
詞
等
情
查
此
絲
雑
湖

票
簽
上
行
號
圖
記
不
符
緣
由
廳
請
貴
會
即
日
轉
請
證
明
原
委
以

商
會
暨
雲
錦
公
所
向
蘇
稅
所
均
心
揭
取
嚴
重
交
涉
务
所
有
袋
單

有
之
習
慣
在
商
情
為
治
利
起
見
與
稅
路
上
毫
無
關
鍵
茲
經
蘇
繼

吳
興
所
取
得
件
內
之
袋
單
及
票
簽
的
掛
濮
院
絲
行
號
名
即
指
輯

明
證
蘇
繼
稅
務
所
始
允
放
行
繼
又
剔
生
枝
節
以
此
項
賣
照
須
在

局
查
明
塗
改
情
由
及
掛
號
准
口
日
期
雙
方
咁
有
公
文
到
蘇
共
同
鑒

即
移
交
蘇
稅
務
所
嗣
由
吳
興
捐
局
發
明
塗
改
原
委
並
由
盛
澤
捐

戰
運
至
蘇
墊
門
分
局
查
臉
聆
云
項
賬
路
由
盛
澤
改
將
貨
照
扣
留
旋

照
查
繳
計
捐
捌
拾
斤
撮
明
由
盛
澤
德
源
報
運
絲
貨
照

兩
絲
計
捐
壹
佰
陸
拾
斤
等

詢
場
原
本
年
六
月
廿
一
日
代
盛
澤
和
記
在
本
城
統
捐
取
運
費

逕
啓
者
案
准
吳
興
絲
綢
公
會
節
略
稱
乾
康
絲
行
聲
辯
該
行

吳
興
商
務
分
會
公
函

题名：民国八年（1919）吴兴商务分会公函

来源：苏州市档案馆提供

按：1919年6月，吴兴乾康丝行先后代替盛泽和记、盛泽德源上报申领运丝护照，分别上交厘捐数量为80斤和160斤。然而丝行为了利益，对护照进行了涂改，导致货物被扣留。为此，吴兴商务分会给苏州总商会发函，详细解释事件的整个过程，并表示这种行为是买卖过程中常用的做法，与税务无关，希望苏州总商会向苏总税务所说明原委，将扣押货物尽早放行。

赴美輯里絲樣共計五箱兹將牌號數目錄呈

台鑒

計開

商號	牌號	條數	匣數
梅恒裕	飛馬等七牌	共二十一條	裝一匣
梅恒裕	金銀鷹鐘等十牌	共三十條	裝五匣
天成	紅印度等二牌	共十條	裝一匣
邵文順	玉和等二牌	共八條	裝二匣
宏孚源	帽鷹等四牌	共十五條	裝三匣
泰昌福	金銀汽車牌六條	共六條	裝一匣
誠吉	金媽司等四牌	共九條	裝二匣
恒懋昶	獅科等四牌	共十二條	裝兩匣
鉅記	金鼎等三牌	共九條	裝兩匣
怡和榮	斐鹿等二牌	共八條	裝兩匣
泰昌恒	紐火車等三牌	共十五條	裝三匣
福記	金飛英牌	共三條	裝一匣
楊隆昌	金孔雀等八牌	共二十四條	裝四匣
王鑑記	馬雲等五牌	共十三條	裝三匣
世興昌記	金雙豪等三牌	共八條	裝兩匣
福記	金帽等二牌	共六條	裝一匣
世興源記	雲獅等三牌	共八條	裝兩匣

题名： 民国九年（1920）赴美辑里丝样表单

来源： 上海市档案馆提供

按： 1921年，第一次万国丝绸博览会在美国纽约举行。江浙皖丝厂茧业总公所联络绸业参加这次丝绸盛会，精选丝绸样品，于1920年11月装箱运往美国。从表单可以看出，梅恒裕的"飞马牌""金银鹰钟"等品牌共计51条辑里丝，分别装在6个匣子中，被运送到纽约参加万国丝绸博览会。南浔张鹤卿、梅仲洼作为辑里丝业界代表，随中国丝业赴美考察团，参加了第一次万国丝绸博览会，成为湖州最早参加国家丝商赴美考察团的丝业代表。

紐約萬國絲繭博覽會代表遠東陶廸君函　翔譯

絲繭總公所
聯芳總理先生大鑒逕啟者茲為萬國絲繭博覽會第二次舉行
事鄙人特專函上達謹請
貴公所先生絲繰絲等于西曆一九二三年二月五日至十五日期
內前往陳列與賽並特附奉絲商公會年鑑及第二次博覽
會圖誌各壹冊至請　惠吠日後尚有第一次博覽會之幻燈
影片及有數代表團之肖影如
貴公所意欲邀集同業一賞鑒此片則五月一號之後鄙人甚欣
顧供獻于　諸公之前也
溯自凡爾塞和平會議時　貴國之獲得良好裨益顯示于

敝國人士之前者良非淺鮮故此次殊望
貴國能得一良好之賽品在此第二次博覽會中鄙人且渴望
閣下準備一壯麗之陳列及代表團于來年早日　光臨敝國也
辱承輔助裨益良多感激菩矢專此竣佈並請
台安
　　萬國絲繭博覽會　遠東代表　陶廸謹殘
　　臺千九百二十二年四月十一日

题名：民国十一年（1922）纽约万国丝茧博览会远东代表陶迪函

来源：南浔辑里湖丝馆提供

按：函件中的陶迪当时为美国纽约生丝公会经理、万国丝茧博览远东代表，对中国丝业改良抱有很大的热忱。在这封给江浙皖丝厂茧业总公所沈联芳总理的函中，陶迪极力邀请总公所参加1923年在美国举行的第二次万国丝绸博览会，并协助提供丝商公会年鉴和第二次博览会国志，希望总公所的陈列效果引人瞩目。

江浙皖丝厂茧业总公所是由江苏、浙江、安徽三省若干地区的丝茧行业于1915年成立，其前身是成立于宣统二年（1910）的上海丝厂茧业总公所。信函中的沈联芳为湖州人，1915年被推选为江浙皖丝厂茧业总公所总理。

题名：民国十一年（1922）沈联芳致第二次万国丝艺博览会东方代表陶迪信札

来源：南浔辑里湖丝馆提供

按：1923年2月5日至15日，第二次万国丝绸博览会将在美国纽约举行，江浙皖丝茧业总公所获美商参赛邀请，参加此次博览会。从沈联芳这封信札中可以看出，上海总商会主持参赛事宜，邀请上海各个丝商开会讨论，并在9月完成赛品征集，10月完成等级评判。但由于政府所拨付的经费有限，仅能应付赛品运送和会场租赁之用，其余款项只能由出口各行业代表承担。因此，同往的女工费用只能由各个行业负责。此外，南浔的周君梅和李佑仁参加了此次博览会。

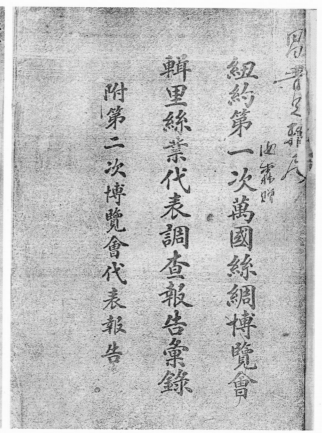

序一

江浙以產絲著稱東西各國採購出口歲值甚鉅不可謂非挽回利權之大宗顧其用度若何品評若何則因購者係間接而非直接末由深知職是之故雖節次改良未免隔膜庚申辛亥多

美國紐約舉行第一次萬國絲綢博覽會薈精萃華用資比賽於審查物產之中寓促進改良之意叛翠等赴美與會布諐會場陳列出品與彼都人士朝夕討論宣譽銷場參觀織廠博訪周諸知輯里絲之性質堅韌色澤光鮮實冠全球而為美商所歡迎第以條紋縐細末能勻稱縲絲手續不免陳舊引以為憾張君等因將調查所得彙為報告俾除隔膜共策改良溝誦實

我業籌措經費公推張鶴卿梅仲洼畢康侯三君為輯里絲業代表撰樣說明書等亦盛事也

業擴銷路切要之圖爰撮事實弁諸簡端願吾同業互相研究日求進步是所厚望焉

民國十一年歲次壬戌秋九月吳興楊兆鏊序

纽约第一次萬國絲綢博覽會辑里絲業代表調查報告彙錄　序
一

題名：民国十一年（1922）纽约第一次万国丝绸博览会辑里丝业代表调查报告汇录

来源：湖州市图书馆提供

按：1921年，中国代表团参加在美国纽约举办的第一次万国丝绸博览会。代表团成员包括张鹤卿和梅仲洼，张鹤卿为南浔辑里丝帮代表、江浙皖丝厂茧业总公所理事，梅仲洼为南浔梅恒裕丝经行少东。会后，张鹤卿等撰写《纽约第一次万国丝绸博览会辑里丝业代表调查报告汇录》，并由杨信之作序。

杨信之，湖州人，是我国早期的爱国实业家。民国初年，杨信之曾为江浙皖丝厂茧业总公所首届总董，被上海丝业界誉为"领袖人物"。1922年，重病缠身的杨信之还关心着民族缫丝业的发展，念念不忘辑里湖丝的改良与发展，并亲自为《纽约第一次万国丝绸博览会辑里丝业代表调查报告汇录》作序，介绍江浙皖丝厂茧业总公所推选代表参加第一次万国丝绸博览会事宜。

十三年春季商務報告　　駐紐約總領事館造

絲市

中國與美國之商務生絲為中國輸運出貨之一大宗自歐戰以來美國絲市非常發達近年美國絲商之對於中國輯里之態度曁歷報告茲將近情形再為陳述

美國於一九二三年共編自外來之生絲價值在美金四萬萬元之譜（　　　）本國向不出生絲全仰求別國運來美國向其廠織成綢緞特供奉國反別國之所需幾乎將編之生絲其十百分之八十餘來自日本我國中國張估百分之六推其原因由於中國方面設法未善輯里在美國銷售成一極大問題去年美國絲會長就編中國之絲絲形其演說中嘗謂中國絲應付美國綢織之用並要求趕速改良以保全中國出口商務美國絲商

就出輯里之絲質地不良其質確形別國蓄積及繅之絲法不良在不改良以前殊為可惜別國織買生絲

一

（一）絲織成之線均帶有堅硬之膠稼項加工編後均易折斷並折對並折線

（二）中國七里絲之色素極為優純

（三）光彩甚好

（四）七里絲甚潔淨

（五）絲茎極不勻不合用普通一切用途絲以多數合製成絲線如欲絲線粗細齊稼先以絲粗調細調和除此外實鮮有他項用途

（六）七里絲之性質過剛主缺之伸長力不合宜於單絲紡織之用其如於伸長力則易於碎斷

上年春季紐約附郵者有一絲商在欽乃弟兄公司 Chung Brothers 見於中國七里絲之典綢甚閎綿詳為試驗庶方著為改良其試驗結果有如左

美國絲商有見於此雜種所吐絲之不合用於美國紡織並且質地剛不合用單絲紡織以致駐場調查其性質所缺乏者保彈力及伸長力位並謀進步奉原到彼誠改良中國七里絲之方法

（一）改良蠶種

現時七里絲均由各地按等處繅殘其不合用於美國紡織最要者有三項粗細不勻奈種用長於彈力及伸長力柔軟之者種興現在七里絲一奈經互相配合則以所得之種所吐之絲即繅合式

（二）改良繅法

現時七里絲均由各地按等處繅殘其不合用於美國紡織最要者有三項粗細不勻（四）繅家太多（五）機器尺寸不一所宜改為七里廠絲或可現在廠絲供給各方之應用此種有美人欲興華人合股繅七里廠絲唯七里絲於美國絲市

二

题名：民国十三年（1924）驻纽约总领事馆商务报告

来源：上海市档案馆提供

按：这份报告提到，1923年美国丝会会长高书密率丝业团访华，对辑里丝赞誉有加。纽约附近临省的钦乃兄弟公司对七里丝进行试验，认为七里丝色素极为优纯、光彩甚好、甚洁净。但是，七里丝还存在粗细不匀、胶质坚硬、缺乏伸长力等缺陷。美国丝商对七里丝在改良蚕种和改良缲法方面提出建议。在改良蚕种方面，使用弹力、伸长力较好的蚕种与七里丝蚕种互相配合，就可以弥补不足；在改良缲法方面，改为七里厂丝。

第一次世界大战结束后，丝织业发达的美、法两国，所需生丝主要依赖进口，而进口又被日本垄断，使两国制造商深感不安。为此，美法两国都将目光投向中国，想加强与中国的联系，合作改良华丝，以保障丝织原料供应。

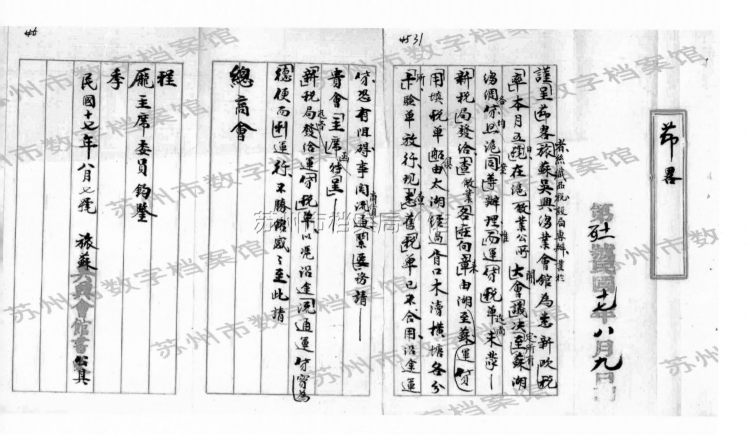

题名： 民国十七年（1928）旅苏吴兴会馆节略

来源： 苏州市档案馆提供

按： 在这份节略中，旅苏吴兴会馆提到旅苏吴兴绸业会馆目前面临的一个问题：即实行新税率后，新税单尚未发放，而货物由太湖经过胥口、木渎、横塘等分所时，需要查验单据才能放行。如今旧税单已经不适用了，可能会导致货物运输出现阻碍，故请协助办理。

苏州的吴兴会馆由湖州商人在1789年建造，虽是绸、绸两业集会议事的地方，但到苏州做官的湖州人，也到会馆举行团拜宴请，共叙乡情。

導與改良會通力合作成效昭著所以無錫一帶每年訂購改良蠶種散發鄉民已有數十萬、即最

近之震澤得改良會之指導既久已有成效矣、

國民政府成立以來、鑒於整頓蠶絲爲當務之急、於改良蠶種、更盡力宣傳、故無錫等處、去年向揚

州各處購買秋蠶種者較往年爲尤茁收效甚佳潯震亦有秋蠶種散發及派員指導育蠶之法、結

果得乾繭一百七十餘擔繭質既良絲亦佳由杭州慶成絲廠購去試思秋季開暇、桑葉爲存餘

之品乘機而育秋蠶時間經濟兩得便利收繭若干、意外財源如去年南潯育秋蠶者計

得繭價二萬元左右、豈非鄉民意外之收入哉、

本廠在湖曾於秋蠶種時擬訂購若干秋蠶種分發鄉民試育特工務匆忙不能分顧深爲歉然今年

春蠶改良種已設法向購能否辦到尚不可必周君梅先生現就浙江蠶業改良場事已定於春蠶

時在湖州設立指導所一處南潯一處屆時或在城演講、或往鄉勸導所有春季指導經費由杭改

良場負擔、然政府既股殷勸誥我湖人豈可袖手其實指導員未到、以前先願籌備者地點問題及派

人往鄉、遂恐不易照辦、領導助理一切、庶收事半功倍之效、所派助理人、隨指導員出發、隨時學習、得
有經驗、即可單獨指導、計亦甚得、但種種
經費、數雖不大、宜預爲籌備、

如願惟居時指導員來湖、一切經費須就地承認竊維近十餘年來、湖鄉育蠶之退化言之痛心、非

至於秋蠶聞於杭嘉湖共發種五萬張、震澤已定一萬、南潯七千或、本廠爲湖要求五千張、或可

獨不採仿新法、即舊法亦變本加厲、以致繭絲結果每況愈下、長此以往、繭既不良、售價更賤、則湖
鄉民之失利者一也不良之繭、安得較好之絲則湖綢商之失利者又一也湖綢既不暢行、機織勢
必減少此機戶之失利者又一也欲挽此瀾非急圖改良不可然鄉民智識簡單全賴勸導即勸導
矣、或亦非可收一日之功、但得寸得尺、則數年而後湖絲盛名安知不易恢復本廠位居湖地痛癢
相關固不待言一廠之得失一廠全局而論其關係當不止什伯千萬倍本廠當以湖全局而變
諸公愛鄉之心、更較本廠爲倍切勢必急起直追務請卽行集議、商定進行之法本廠諸國以借
以盡棉力雖然上述云云、不過治標辦法若根本大計須廣遣留學遠、設蠶桑改良學校竭力提倡、
鏡近如蘇杭等蠶桑學校更較輕而易舉再於湖地及長興等各縣廣設蠶桑改良學校以作鄉、
或於春秋育蠶期內、就湖適中地點設立育蠶場施用新法育蠶隨時邀集鄉民指導解釋既見實
效則鄉民自漸信仰矣影響所及而謂不著成效者未之信也特爲備述緣由敬請
垂察湖局幸甚

湖州輯里第一模範絲廠謹啓　民國十八年一月三十日

题名：民国十八年（1929）敬告湖乡老从速提倡改良蚕种及育蚕法并竭力推广秋蚕草言
来源：钱学明提供
按：湖州辑里第一模范丝厂为了提倡改良蚕种和育蚕方法，发布了一份敬告乡老书，分析国际国内局势。该草言特别提到，光绪三十年（1904）左右，日本在法国里昂生丝市场所占份额较小，但在1921年美国第一次万国丝绸博览会上，日本生丝质量远超我国。如今，美国每年需要60万担生丝，日本出口美国生丝达50万担，我国仅仅只能出口4万多担，其中辑里

湖州輯里第一模範絲廠爲提倡改良蠶種及育蠶法并竭力推廣秋蠶事　敬告鄉老

敬告湖鄉老從速提倡改良蠶種及育蠶法並竭力推廣

秋蠶草言

吾國以農立國、江浙蠶絲向爲最大生產品、湖絲盛譽固早膾炙人口矣、二十五年前在法調查、日絲每年在本國出口、倘不及吾國上海生絲出口之數、粵絲不與也、當時以爲日本蕞爾小邦、其生絲產數不如吾國、無可諱言、乃自日政府於蠶絲一項、竭力提倡、朝野合作、於改良種子及研究育蠶法、不遺餘力、春蠶夏蠶而外、復有所謂秋蠶者、出數多而蠶身良、積二十餘年之致力、蠶種既良、育蠶得法、產絲倍增、七八年前於紐約中日兩與絲養、無怪日絲佔華絲之席而上之也、近得報告、美國年需生絲六十萬擔、日絲佔六分之五、吾國僅四萬餘擔、粵絲萬餘擔外、他如輯里等、近萬擔、廠絲不過二萬餘擔、絲例日絲僅百分之四而已、較諸江浙廠絲、有兩倍之多、亦奇矣也、自紐約絲養後、國人雖稍稍警覺、

日本絲商某、有絲廠四十六、其全年出數

徒以積習難除、未能上下一心、積極進行、蠶種之不良如故、或又甚焉、以視日絲之孟晉、可不懼哉、不僅此也、數年前日人曾設黃絲廠於青島、絲車六百、育蠶之不得法如故、產絲之不加增亦如故

丝出口大约1万担。出现这种局面，主要就是因为蚕种不好、育蚕不得法。

面对这种情况，万国桑蚕改良会在上海设立并在多地设立分会，通过加强指导，取得了一定成效。如今，改良会将在湖州设立一个指导所，在南浔设立两个指导所。湖州人民在指导员到来之前需要做好筹备工作，才能事半功倍。另外，许多购买秋蚕种的地方，都取得了不错收益，该丝厂为湖州争取到5000张秋蚕种。

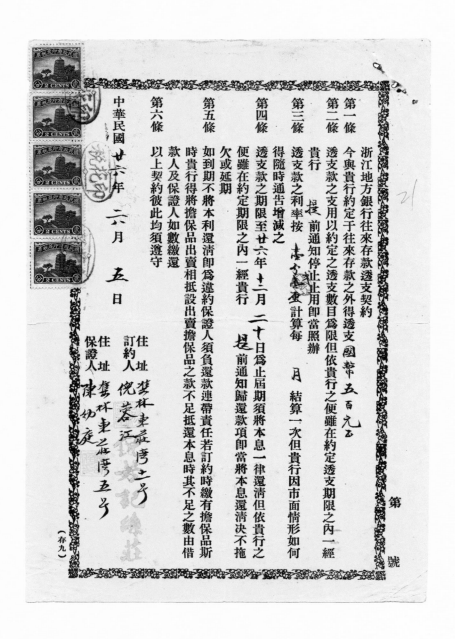

第一條　浙江地方銀行往來存款透支契約

第一條　今與貴行約定于往來存款之外得透支國幣五百元正

第二條　透支款之支用以約定之透支數目爲限但依貴行之便雖在約定透支期限之內一經
　　　　貴行　提前通知停止止用即當照辦

第三條　透支款之利率按壹分壹厘計算每月結算一次但貴行因市面情形如何
　　　　得隨時通告增減之

第四條　透支款之期限至廿六年十二月二十日爲止屆期須將本息一律還清但依貴行之
　　　　便雖在約定期限之內一經貴行　提前通知歸還款項即當將本息還清決不拖
　　　　欠或延期

第五條　如到期不將本利還清卽爲違約保證人須負還款連帶責任若訂約時繳有擔保品斯
　　　　時貴行得將擔保品出賣相抵設出賣擔保品之款不足抵還本息時其不足之數由借
　　　　款人及保證人如數繳還

第六條　以上契約彼此均須遵守

中華民國廿六年　六月　五日

訂約人　住址　萋林東荘灣二号　倪荄記絲莊

保證人　住址　萋林東荘灣五号　陳幼庭

（存九）

第　號

题名：民国二十六年（1937）浙江地方银行往来存款透支契约

来源：钱学明提供

按：倪芳记丝庄与浙江地方银行约定，在双方往来存款之外，可以透支500元国币。透支款利率按照一分一厘计算，每月结算一次。但利率可以根据市场情况进行调整。透支款使用期限为1937年6月5日至12月20日。此外，双方还约定，如果借款到期，借款人未能将本金和利息还清，保证人需要承担还款的连带责任。如果签约时，借款人有担保品，浙江地方银行会将担保品卖出进行抵扣；担保品不足以抵扣时，不足的钱款由借款人和保证人缴清。

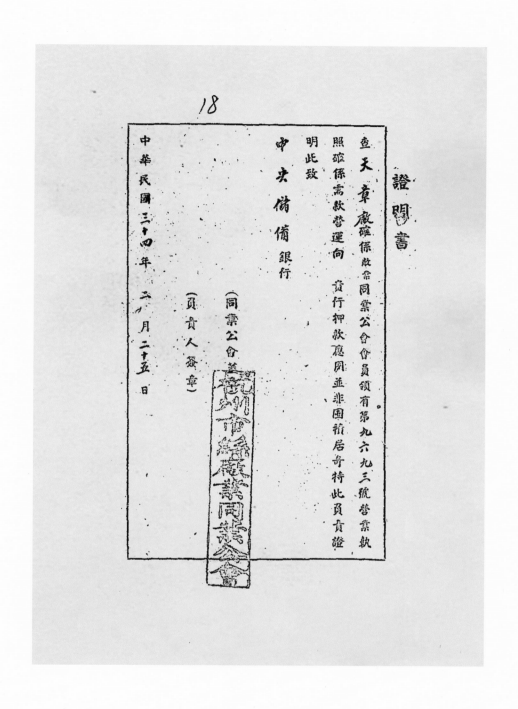

题名： 民国三十四年（1945）杭州市丝厂业同业公会证明书

来源： 浙江省档案馆提供

按： 这份杭州市丝厂业同业公会给中央储备银行的证明书，提到天章厂是杭州市丝厂业同业公会会员，领有第9693号营业执照，确实是因工厂运转需要而向银行借款，并非囤积居奇。天章厂由南浔人周庆云创办，产品曾在西湖博览会丝绸馆展出。

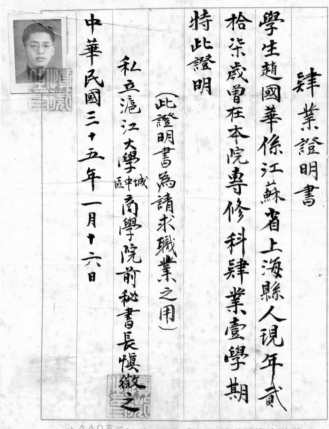

私立滬江大學城中區商學院用箋

肆業證明書

學生趙國華係江蘇省上海縣人現年貳

拾柒歲曾在本院專修科肄業壹學期

特此證明

（此證明書為請求職業之用）

私立滬江大學城中區商學院前秘書長慎微之

中華民國三十五年一月十六日

院址上海圓明園路二〇九號　電話一五〇八八
一五〇八九

题名：民国三十五年（1946）私立沪江大学城中区商学院肄业证明书

来源：钱学明提供

按：这份肄业证明书上有商学院前秘书长慎微之签名。慎微之是湖州潞村人。1934年夏，湖州大旱，钱山漾湖中水位极低，全湖面积的三分之二干涸见底。趁此机会，慎微之收集了大量石器。1937年，慎微之在《江苏研究》发表重要论文《湖州钱山漾石器之发现与中国文化之起源》，使沉睡数千年的钱山漾遗址开始进入人们的视野，为后来的科学发掘奠定基础。1956至2005年，50年间三次重大考古发掘的诸多成果，无不印证着慎微之的预言。2014年，中国考古学家命名了一种新的考古学文化——"钱山漾文化"。2015年，钱山漾遗址被授予"世界丝绸之源"称号。

SC0010

第三區繰絲工業同業公會

會員入會申請書　　　　　第 102 號

具申請入會書 達昌繰織廠 今推定 鈕介臣 君

為出席代表填具登記表願意遵守會章繳納會費加入

貴會為會員特具申請入會書請予

鑒核為荷此致

第三區繰絲工業同業公會

負責人 鈕介臣

中華民國三十五年 八月十三日

具申請入會書

（廠章）達昌繰織廠
（簽名）達昌繰織公司
湖州達昌繰織廠
鈕介臣

附登記表

出席代表人履歷

姓名	年歲	籍貫	通訊處電話	略歷
鈕介臣	五十九	吳興	天津路乾記弄十一號九四九一	苕溪絲廠總經理

010

题名：民国三十五年（1946）第三区缫丝工业同业公会会员入会申请书

来源：上海市档案馆提供

按：在这份1946年的申请书中，由钮介臣创办的达昌缫织厂申请加入第三区缫丝工业同业公会，并按时缴纳会费。

钮介臣是湖州人，1917年，他在小西街回龙桥堍与他人合伙成立达昌绸厂。1927年，在德清大麻镇海卸村花港漾置地30亩，集资开设苕溪丝厂，并在湖州城区、南浔、双林、菱湖、花林、洛舍等地，自办收茧站10余所。抗日战争爆发后，苕溪丝厂被毁。抗战胜利以后，钮介臣在达昌第一绸厂内，先辟设缫丝部，1946年正式成立达昌缫丝厂，和原来的绸厂合称达昌缫织厂。

题名： 民国三十五年（1946）湖属机织业同业公会呈文

来源： 湖州市档案馆提供

按： 从湖属机织业同业公会这份呈文可以看出：一直以来，湖州的机织丝绸都闻名中外，不仅在国内销售，而且在西欧的国家销售。抗日战争前，公会生产的丝绸免交捐税。蚕桑指导所成立后，派人到各地指导利用机械。这使得零机数量达到四五千架，依靠织绸业为生的人数有1万余人。1937年，湖州沦陷后，蚕桑业遭受了灭顶之灾。桑树被砍倒充作燃料，造成丝绸原料断绝，导致全城机织绸业开机数量不及原来的十分之一。

吳興縣綢織業職業工會章程

第一章　總則

第一條　本會章程依據工會法及工會法施行法訂定之

第二條　本會定名為吳興縣綢織業職業工會

第三條　本會以聯絡勞資感情增進紡織技能發達生產維要改善勞動條約及生活為目的

第四條　本會以浙江省吳興縣行政區域為區域會址設於金婆衖二十一號

第五條　凡在本區域內年滿十六歲之男女現在從事絲織業

第二章　會員

之工人及僱從業者得為本會會員但代表雇主行使管理權者不在此例
有左列情形之一者雖具會員之資格亦不得為本會會員
一　褫奪公權者
二　有違反國策言論或行為者
三　受破產宣告尚未復權者
四　無行為能力者

第六條　本會會員

第七條　會員入會須經下列入會手續
一　本會會員二人之介紹
二　經理事會之通過
三　填寫入會志願書
四　繳納入會費
經審查合格後發給會員證書

第八條　會員應享之權利如左
一　發言表決選舉及被選舉等權
二　享受本會章程及決議
三　依照本會章程所載之各項事務之利益

第九條　會員應盡之義務如左
一　遵守本會章程及決議
二　擔任本會指派職務
三　繳納各種會費
四　按時出席會議
五　應本會之諮詢及調查

第十條　凡會員經判決不遵守本會章程各項義務之一者經監事會三個月警告仍不遵守者由會員大會決議除名之

第三章　組織及職權

第十一條　會員退會須於一月前書面退會情形報告理事會

第十二條　本會設理事　人候補理事　人監事　人候補監事　人均由會員大會或代表大會選舉之

第十三條　本會理事會監事會並由理事監事互選常務理事　人常務監事　人處理日常事務
理事會之職權如左
一　處理本會會務
二　對外代表本會
三　召集會員大會或代表大會決議之執行

第十四條　監事會之職權如左
一　稽核本會經費之收支
二　審核各種事業之進行
三　致意會員之言論行動

题名：民国三十五年（1946）吴兴县丝织业职业工会章程

来源：湖州市档案馆提供

按：章程明确：本会定名为吴兴县丝织业职业工会，会址设在金婆弄21号，以联络劳工和资方的感情、提升技能、促进生产等为目的。会员应尽的义务包括：遵守本会章程及决议，担任本会分配的职务，缴纳各种会费，按时出席会议，接受本会咨询和调查。

052

厰名	電力機數	人力機數	註
達昌	八六架	〇	
祥華	三〇架	〇	
永昌	五七架	五〇架	
湖豐	四三架	二〇架	
信成	一六架	三二架	
江南	一八架	一四架	
承昌	二九架	六架	
錦成鴒	一五架	一五架	
同和	八八架	一八架	
雲華	三二架	〇	
大佳	一九架	一七架	
增華	二二架	二七架	
總計	三六五架	一九九架	

题名： 民国三十六年（1947）吴兴县丝织工业同业工会各会员机数一览表

来源： 湖州市档案馆提供

按： 在这份一览表中，达昌的电力机数量达到86架，永昌的数量为57架，湖丰有43架，云华有32架，增华有22架。

1915年，上海增华绸庄严小春等合股于南门开办增华绸厂，置手拉机6台。1919年，大德绸庄屠善之等合资建立永昌绸厂，置人力机6台。同年，云华绸厂建于空相巷。

吴興縣配發農業物資概況表

物資名稱	年度	物資來源	數　量	配發析價欵	受益人數	備　註
春蠶種	三十五年	中蠶公司	27470張	價領		
	三十六年	″　″	57500張	價領	17582人	
桑苗	三十五年	省蠶絲改進會	50000株	價領	4684人	
	三十六年		400000株	配發	27675人	
純京稻種	三十六年	省農業改進所	250擔	作價貸放	567人	
肥料(桑餅)	三十五年	救濟總署	200擔	配發	752人	
蔬菜種籽	三十五年	″　″	6桶	配發	64人	

0075

题名： 民国三十六年（1947）吴兴县配发农业物资概况表

来源： 湖州市档案馆提供

按： 从概况表可以看出，春蚕种主要由中蚕公司配发，1946年配发27470张。1947年配发57500张，领取人数为17582人。桑苗为浙江省蚕丝改进会配发，1946年配发50000株，领取人数为4684人。1947年配发400000株，领取人数为27675人。无论是春蚕种还是桑苗数量的配发，1947年相比1946年实现大幅增长。这也表明抗日战争胜利后，湖州的蚕桑丝绸业正在逐步复苏。

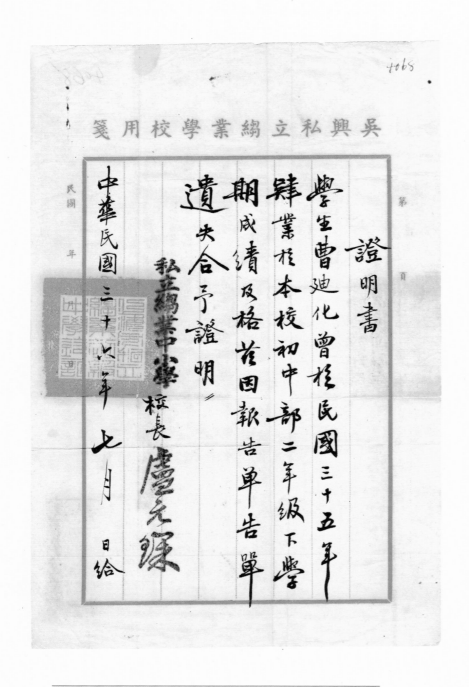

吴兴私立绸业学校用笺

證明書

第　頁

學生曹迪化曾於民國三十五年

肆業於本校初中部二年級下學

期成績及格茲因報告單告單

遺失合予證明

私立绸业中小學　校長　盧元琛

中華民國三十六年　七月　日給

民國　年

题名： 民国三十六年（1947）吴兴私立绸业学校证明书

来源： 钱学明提供

按： 这份证明书有私立绸业中小学校长卢元琛的印章。宣统二年（1910），湖州绸业公会刘松龄、刘鹤龄兄弟和张菼青、邱韵仙发起成立吴兴县私立绸业小学，招生3个班共50余人，学制9年，设临时校址于局前巷绸业会馆乐善堂、小蓬莱书厅及二殿楼上。抗战时期，学校迁移至上海北京路河南路口，坚持办学，由上海绸业银行行长、湖州人卢元琛兼任校长，达昌绸厂厂长钮介臣任董事长。这是湖州教育史上一所由同业公会创办的著名私立学校。

063

吳興縣絲織工業商業公會　公函

字第　　號

逕啓者查吳興風俗蠶桑富庶之區又為絲綢工業重心之地所產絲綢行銷國內外馳有盛名以歷史而言則歷抗戰等地綢產為慈遠地庭淪陷各綢厂損失甚重率相輟業者甚多重兒而後各厂次第復業已由六家當為大局欣欣交通未暢綢產尚滯

一時難型複興列最各厂復受高利貸及高工資而重壓迫念覺喘息未遑加諸原料燃料總騰飛漲張泉充備在在需資澁絲業金融時實艱窘若不加以救濟狀祖何以維工業而興絲綢厂會鑒於危機已迫眉睫關於二年十二月二十日圓請

貴行轉陳四聯分處核示在案刻以首者仰蒙　中央閥懷絲綢事業已有緊急救濟工商貿欽之指置滬杭兩市業已次第貸地惟吳興絲織各厂屢經呼籲仍抱向隔設分別地區殊失　中央貿他救

貴行洞悉當地情形對於各厂信譽及貿況均極明瞭現吳興綢厂計十三家電刀人力各機開織者有五百餘架傅而待開者計有二百餘台最請及予貸欵二十億元或予轉貼現三十億元由當地銀行酌察賣況分別支配欵曾應各厂之要求並為保存吳興整個綢織工業計用再周達即布

濟之庶目再查吳興雖無　央行之設立但　貴行與交通俱為國家銀行固屬四聯系託承辦或予轉貼現辦法均可權宜且

查點是贛浙江四聯分處核轉俟准至級公誼此致

中國銀行湖州分行

吳興縣絲織工業同業公會理事長　張蓉卿〔印〕

達昌綢厂負責人　潘迴功〔印〕

揮華綢厂負責人　鈕介匡〔印〕

永昌綢厂負責人　屠菁之〔印〕

题名： 民国三十六年（1947）吴兴县丝织工业同业公会公函

来源： 湖州市档案馆提供

按： 这份由吴兴县丝织工业同业公会发给中国银行湖州分行的公函，呈现了湖州丝绸发展历史。湖州自古就被称为蚕桑富庶之区，又是丝织工业重心之地，所产的丝绸畅销国内外。抗战爆发后，湖州各大绸厂相继停业，损失严重，丝绸业遭到严重破坏。抗日战争胜利后，丝绸业依然面临着高利贷和原料、燃料飞涨的巨大困难。当时吴兴的绸厂一共有13家，运行的电力、人力织机有500余架，等待开机运行的有200余台。因此，公会向中国银行湖州分行求助，希望为绸厂提供贷款20亿元或贴现30亿元。

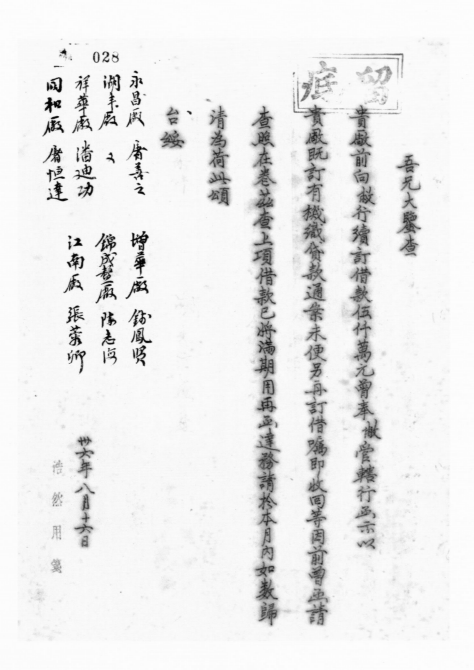

题名：民国三十六年（1947）陈浩然信札

来源：湖州市档案馆提供

按：信笺的左下方有"浩然用笺"，信中又有"敝行"，可以推断出这是陈浩然写的信件。
陈浩然时任湖州中国银行行长。在这封信件中，陈浩然主要向永昌厂、湖丰厂、增华厂等绸
厂催还借款。抗日战争胜利后，由于各种因素影响，湖州蚕桑丝绸业并未走出困境。新中国
成立前夕，绸厂和零机户约有绸机2000台左右，实际开动只占五分之一。

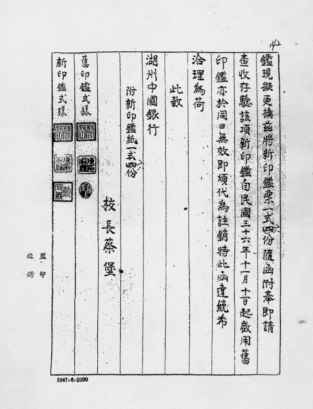

093

鑑現擬更換茲將新印鑑票一式四份隨函附奉即請
查收存驗該項新印鑑自民國三十六年十一月十日起啟用舊
印鑑亦於同日無效即煩代為註銷特此函達統希
洽理為荷
此致
湖州中國銀行
附新印鑑紙一式四份

舊印鑑式樣
新印鑑式樣

校長蔡堡

鈐印
校鈐

1947·6·2000

國立湖州高級蠶絲科職業學校公函

事由　擬辦　批示

逕啟者本校前在
貴行所開公庫支票普通經費存欵第53號三本取欵印

中華民國　年　月

题名：民国三十六年（1947）国立湖州高级蚕丝科职业学校公函

来源：浙江省档案馆提供

按：在这份湖州高级蚕丝科职业学校的公函中，学校告知湖州中国银行，该校的印鉴（留供核对以防假冒的图章底样）准备更换，并于1947年起启用，现将新印鉴票送给湖州中国银行留存。

1946年，时任中国蚕桑研究所所长、浙江大学生物系教授蔡堡筹办国立湖州高级蚕丝科职业学校，先租用湖州朝阳巷24号花园洋房作为临时校舍，后迁到南门横塘原湖州女中旧址新建校舍。1947年2月13日，学校正式开学，校长由蔡堡兼任。

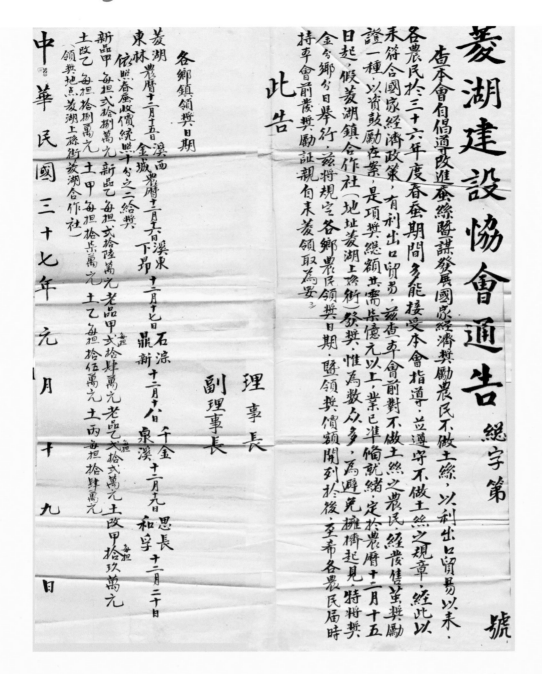

题名： 民国三十七年（1948）菱湖建设协会通告

来源： 湖州市档案馆提供

按： 1948年，菱湖建设协会发布通告，大多数农民在上一年度春蚕期间，能接受菱湖建设协会的指导，放弃土缫，改为厂缫，符合国家的经济政策，并有利于对外出口。因此，菱湖建设协会决定对这些农民予以奖励。

1945年11月30日，章荣初在上海贵州路湖社，邀请吴兴的旅沪同乡200余人参加座谈，宣布建设菱湖的计划，并选出筹备小组。1946年10月12日，菱湖建设协会正式在湖社成立，并在菱湖开始农业建设、工业建设、市镇建设等。其中，农业建设的重点是发展蚕桑，包括免费赠送给蚕农桑秧、确保蚕种供应、代烘代储等，取得明显成效。

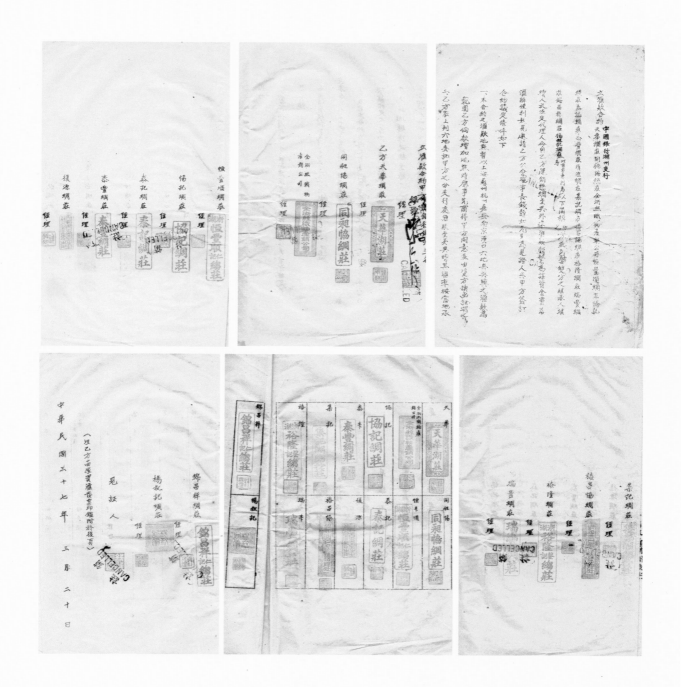

题名：民国三十七年（1948）汇款合约

来源：钱学明提供

按：从这份汇款合约可以看出，天华绸庄、同昶协绸庄、全浙丝织物产销公司、恒丰顺绸庄等14家公司，因需要运销丝绸到外地，汇款十分频繁，为了方便灵活地汇解资金，与中国银行签订了该汇款合约。双方约定汇款地点暂定为上海、苏州、杭州、嘉兴、南京、汉口六地与吴兴。这充分说明湖州与这些地方丝绸贸易往来密切。此外，合约中的中国银行湖州支行经理陈左夫（陈浩然），曾为湖州的和平解放作出过贡献。

吳興用絲業商業同業公會章程 中華民國三十七年五月

第一章 總則

第一條 本章程依據商業同業公會法及商業同業公會法施行細則訂定之

第二條 本會定名為吳興縣用絲業商業同業公會

第三條 本會以維持增進同業之公共利益及矯正弊害為宗旨

第四條 本會以吳興縣行政區域為區域 會址設於務前河五六號

第五條 本會之任務如左

第二章 任務

第一條 關於會員商品之共同購入保管運輸及其他必要之設施

二、關於會員營業之統制

三、關於會員營業之指導研究調查及統計

四、關於第三條所揭宗旨之其他事項

辦合於第一項第三條事業時應擬定計劃書經會員全體三分之二以上之同意呈縣政府核准其變更時亦同

第三章 會員

第六條 凡在本區域內經營本業之公司行號設售賣場所不論公營民營除

第七條 關係國防之公營事業或法令規定之國家專營事業外均應為本會會員

前項會員

第八條 本會每一會員推派代表一人其員擔任會費滿五單位者得加派代表一人但至多不得過七人以經理人主體人或店員為限

本會會員代表以有中華民國國籍年在二十歲以上者為限

有左列各款之一者不得為本會會員代表

一、背叛國民政府經判決確定或在通緝中者

二、曾服公務而有貪污行為經判決確定或在通緝中者

三、褫奪公權之宣告尚未復權者

四、受破產之宣告尚未復權者

五、無行為能力者

六、吸食鴉片或其他代用品者

第九條 本會會員代表以後每增十單位加派代表一人

第十條 會員舉派代表時應依法應解任之事由不得撤換亦同但已當選

第十一條 會員代表因事不能出席會員大會時得以書面委託他代表代理之

037

题名：民国三十七年（1948）吴兴用丝业商业同业公会章程

来源：湖州市档案馆提供

按：章程明确公会名称为吴兴县用丝业商业同业公会，会址设在务前河56号。公会的主要任务是共同购买、运输、保管会员所需要的商品，对会员营业状况进行指导、调查研究及统计等。章程明确只要在本行政区域内从事用丝业，除去部分特殊情况外，不论是公营还是民营，都必须是公会会员。

菱湖缫丝股份公司推广部实施计划书

一、本公司为倡导社会及采本计划改进湖增加出口贸易争取外汇起见特订本计划以作实施准绳

二、本公司推广实施以获得菱湖区属十五乡镇智接近本区毗邻乡镇为范围

三、本公司推广部进行业务
　一、代购或贷放改良蚕种养蚕贷金贷款
　二、定购蚕种（秋春）
　三、办理蚕丝押借贷款
　四、指导养育蚕事项

四、本公司从本年度秋季起至三十八年春季为试办施时期

五、本公司为把握成效计将各乡镇中选择若干优良乡保进行试办至看相当程度时即逐步设法推元

六、本公司采优良乡镇保选定后即在各该乡镇设置督导员义务动员愿於本事件制成土丝供售建熙之蚕户分组阿本部商办签订合约手续具现刻另刊之

七、各蚕户向本部订约时以公组为原则但每组以十五全廿人设置首为负约保义务办

题名：民国三十七年（1948）菱湖缫丝公司推广部实施计划要目

来源：湖州市档案馆提供

按：菱湖缫丝厂股份有限公司为了改进蚕丝，增加出口贸易，制定了相关实施计划。1946年，由章荣初发起的菱湖建设协会成立后，决定以"工农并重、教养合一、人定胜天、自力更生"为纲，从农业引发工业，以工业推动农业。同年，菱湖缫丝股份有限公司菱湖缫丝厂正式筹建，并于1948年6月正式开工生产。

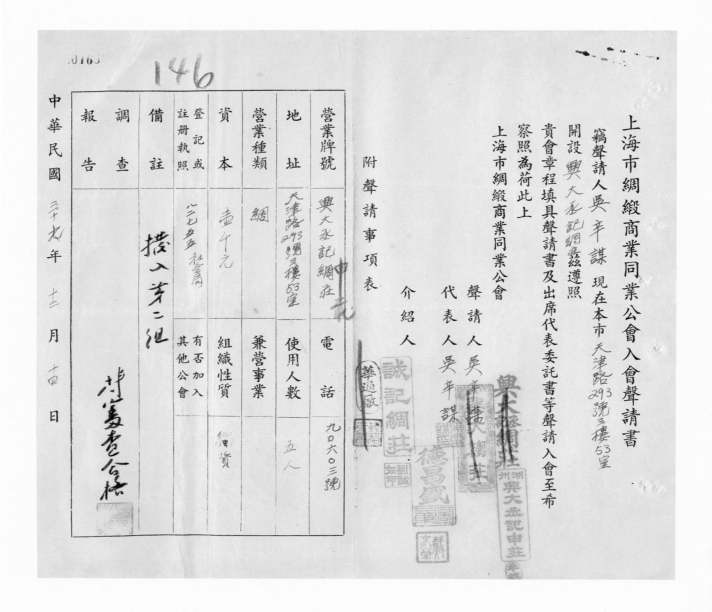

報告	調查	備註	登記或註冊執照	資本	營業種類	地址	營業牌號	
	撥入苐二組	八七五 社會局	壹千元	綢	天津路293號三樓53室	興大丞記綢莊	附聲請事項表	
			有否加入其他公會	組織性質	兼營事業	使用人數	電話	
				獨資		五人	九〇六〇三號	

中華民國 三十九年 十二月 十四 日

上海市綢緞商業同業公會入會聲請書

竊聲請人吳辛謀 現在本市天津路293號三樓53室

開設興大丞記綢號茲遵照

貴會章程填具聲請書及出席代表委託書等聲請入會至希

察照為荷此上

上海市綢緞商業同業公會

聲請人 吳辛謀

代表人 吳辛謀

介紹人

题名： 民国三十七年（1948）上海市绸缎商业同业公会入会声请书

来源： 上海市档案馆提供

按： 在这份入会申请书中，位于上海市天津路293号三楼的湖州兴大丞记绸庄老板吴辛谋，按照上海市绸缎商业同业公会章程要求，填写申请书和出席代表委托书等，申请入会。

清末，湖州城内有绸庄50余家，主要集中在新庄街、新庄弄及附近的宁长巷、局前巷、准提弄等处。1914年至1922年，20余家绸庄（绉庄）在湖州城乡开办绸厂40余家。1925年至1926年前后，湖州城乡有绸庄（绉庄）70余家，在上海设立"申庄"120家。此外，上海市绸缎业同业公会于1930年8月成立，设立湖绉组及其他5个组。

025

保证
责任

某县菱湖蚕业生产合作社联合社章程　民国三十七年　代表大会通过　月　日

第一章　绪则

第一条　本社定名为某县菱湖蚕业生产合作社联合社（简称本联社）

第二条　本社以协助社员改善蚕桑事业及其研究发展其相互联络为宗旨

第三条　本联社为保证责任之组织各社员之保证金为限负其责任

第四条　本联社设事务所于菱湖区属○○乡镇为事务所在地

第五条　本联社业务区域设于菱湖区属各乡镇

第二章　社员

第六条　凡在本联社业务区域内经县政府登记之蚕业生产合作社声请加入本联社须经本联社理事会审查报告社员代表大会表决通过于本联社社股及保证金额之计额以上

第七条　社员社有左列情形之一者丧失社员资格：
（一）破产　（二）解散　（三）与其他合作社合并　（四）其他

第八条　本联社社员欠本社款者须于年度终了三个月以前将欠本联社债款交理事会并将于年度终了前提及

SC0037

01 0040

（一）征收手续宜简单而无壹漏從前厘金時代節設卡商人倍受留難勤察之痛普徵次數厘會議決消費稅設一寺而不得多設為卡在商人固松便利恐人心不古難免不良份子從峻希圖漏網非特許稅收太有妨碍即商家如難免有苦樂不勻之弊敝政革以後征收方法應定為賣商中擇如每地年厘綢若干惠單應納稅總數若干使出産地所有各廠織勻雖責欲原有之會館公所代為負責征收綢如會館公所對於同業中有不能為難之處仍可由官廳主持辦理如此由商民既可�

不至漫無稽考兑色亦由中能之釐决可革除

以生之福經織同業一再讨論擬集会同提出意見兼普有富應請

大会公决

（四）人造絲與人造絲交織品　每勵〇〇　應照生綢打五折計算

（四）純棉交織品　毎勵、、　應照生綢打五折計算

（四）人造絲與棉交織品　毎勵、、　應照生綢打四折計算

（庚）零星手工織品　免稅　如湖州錦綢緞綾等類

以上七種絲織品皆指綢類而言若綬帶辮帶絨線之類而並免稅書示列入所以不定價者因普是金國綢稅最重之區向來極不平等當各地稅普减三成畫義鑑行宗脲普吴綢業當其寸等辜之辜福應請他省同業公決主張

题名： 吴兴绉业会馆、浙湖绉业公所、申湖丝织公会对于改革绸税之提案

来源： 上海市档案馆提供

按： 在这份提案中，吴兴绉业会馆、浙湖绉业公所、申湖丝织公会认为，江苏省以取消厘金为由，增加绸类收入。而吴兴的丝绸在浙江已经缴纳了重税，厘金高达百分之三或百分之五。三家提出了自己的税率方案，主要针对纯丝熟绸、纯丝生绸、丝毛交织品、零星手工织品等七类产品，其中，纯丝生绸每斤应按照熟绸打六五折计算，零星手工织品应该免税。

SC0035

（一）

吾丝绸业今宜新请司业小所申湖兴销公会对於改革纲税之预案

对於名称之订输以收国家统一丝重立新增财政会账……米继财政会账七……裁厘之税景

不欲腾不高江苏省经於将或米裁之除集瑞於现所浙江苏省整徵

必产铜税德局其税率及征政予债者轻重金时代更加严厉原其货

过欲偿裁厘为由增加纲类收入查番吴庄纲在浙已纳最重之税全纲

（西有轻重二种轻有教及百分之五重者或为百分之三而强）厘金未裁收前货

须在沧销官苏省既条销地势难免捐欲向而同业认税以米手债简

便本非色加性货查者中能之可言若就称或裁厘之有对于他省之整运

（二）仍须征收销场税其将认税取消施以种多者验手债是削废相之厘

（口须征收销场税取消以种多者验手债是削废相之厘

金将使商人加重数倍苦痛以产销税之名称所以万华秉认者也至

织物消费税名称既为裁厘责员会所通过……同业不能民对但未裁

认为既裁厘而未加税时一种过渡办法到查守加税之时并将消费税

名称应取消庶可达到国货免税之目的红织业有真正解除痛

苦之一日

SC0036

（三）税率必以平均为为则查货物税既本归国家收入在军阀时代省馆

为政次征名称米同捐章各定产纲之有不独浙江浙江纲税实较他省重烦欤

倍此次征收消费税庶金国一律不能使他省加重但求浙省减轻纲类

名目繁多生熟轻重长短又不一致兼之与外货竞交织品近年牵

日增故拟订税率如下

（甲）纯丝熟绸　每勖〇〇

上海市档案馆

上海浙湖绸业公所成立于光绪十三年（1887），所址在北京路522号后门，主要由湖绸庄（贩卖湖绸的绸庄）发起成立。就湖绸业来讲，在湖州设立的绸庄称为湖庄，它负责与零机户签订产销协议，收购湖绸；在上海设立的绸庄称申庄，负责推销湖绸，同时收集商品经济信息，掌握第一手商品资料，它接到各路客户的订单后，便及时通知湖庄按照订货需求收购。

吳興綢貨出品檢驗所試辦規程

(一) 宗旨 本檢驗所之設立以綢機兩業鑒於近來零機兩出綢貨愈趨卑劣著潮估足幾成成習慣在綢莊方面似不能替個推銷於機戶方面又不能相戒自禁久知其短無從自勉是以兩業經數次之聯席會議之決組織檢驗所準確論分嚴禁潮貨以期改進同覆效果

(二) 定名 吳興綢貨出品檢驗所

(三) 地址 暫假局前譽業會館

(四) 組織 本檢驗所由綢機兩業共同組織並設置事務員如左

(一) 推舉正副主任各一人由兩業就本業中各推一人充任

(五) 職務

(一) 設檢驗員五人由兩業共同審用之於十五人內分為三組計過秤組五人監秤組五人事務組五人分任其事

每組得設組主任如遇事務殷繁時得臨時添雇

之均為義務職

(一) 正副主任管理本所一切事務

(一) 過秤員專司稱見綢貨事宜

(一) 監秤員專司檢驗綢貨著潮方次事宜

(一) 事務員專司寫碼蓋戳登驗各事宜

(六) 辦法

题名： 吴兴绸货出品检验所试办规程

来源： 上海市档案馆提供

按： 吴兴绸货出品检验所成立的初衷，缘于近年来有的机户贪图暴利，完全不顾质量。而对于绸庄来讲，又不能全部拒收。面对这种矛盾，绸、机两业决定成立吴兴绸货出品检验所。凡是机户送来检验的绸货，由监秤员、过秤员逐一检验盖戳。其中特别规定，凡是没有经过检验所盖章的绸缎，绸庄不得购买，机户不能售卖。

零机是指分散在湖州城区及近郊四乡的家庭丝织机。湖州丝绸业历史悠久，零机很早就遍及城乡。零机户拥有织机1至3台不等，多数是手工操作，并丝、打线、整经等都由自己操作。早年间，绸庄和包行做生意采用生胚看货、论价、称分量及付款等手续。但有的机户在生绸上掺浆、上水增加分量，缩短尺寸，蒙混过关，这种做法严重影响了产品质量和湖绸的声誉。

第二章

票据类

在交易过程中，卖方会根据买方购买商品的种类和单价，开具相关票据，证明买卖双方交易行为的发生。

本章主要展示了抄庄、洋货局和丝行的发票，丝织厂的尊帐（账），布号的收据及支付凭单等。虽然名称不同，但都证明湖丝买卖行为的发生。从这些发票或收据中，我们可以看出产品的种类和售价。这为了解当时社会的经济状况提供了档案支撑。

除此之外，本章还包括股票、银行仓单、支票、礼券等。其中，银行仓单和支票主要证明银行和丝绸店铺或公司发生的交易行为。股票则证明了持股人购买了公司股票的数量，如美亚织绸厂股份有限公司的股票，对持股人股份数量进行详细记载，并对公司情况进行详细介绍。银行仓单基本上是一种租赁行为的证明。礼券比较少见，但这也证明了当时的人们已经具有了赠送礼券的意识。

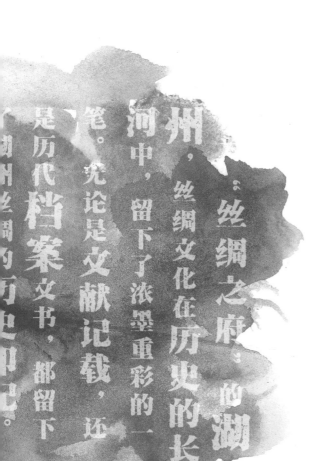

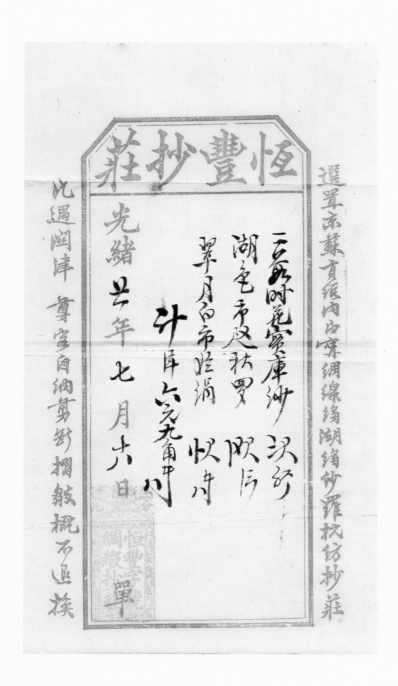

题名： 光绪二十一年（1895）恒丰抄庄发票

来源： 钱学明提供

按： 从发票上可以看出，恒丰抄庄的经营产品中包含湖绉。湖州将经丝左捻右捻打线为纬，然后左右相比织造，织品呈现皱纹，是为湖绉，又名绉绸。清康熙年间所产绉纱手巾，雅俗共赏。乾隆时所产绸缎以湖绉最多，并上贡朝廷，为皇室及官员使用。

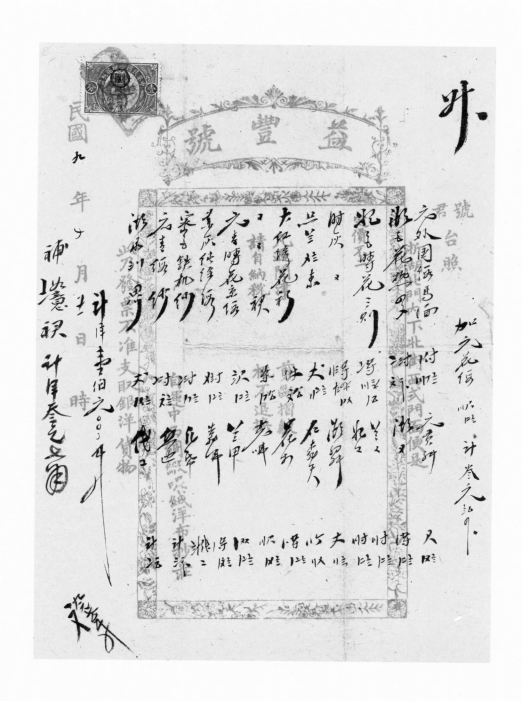

题名： 民国九年（1920）益丰号发票

来源： 钱学明提供

按： 在这张益丰号发票上面，"台照"是旧时尊称、谦称词语，体现了浓浓的礼仪之风和中国商贾"和气生财"的文化传统。其左侧将购买的商品进行了详细的罗列。在发票的左上方，贴有1分钱的印花税票。此外，在这张发票上面，益丰号还做了广告，"浙湖北门内下北街西式门面便是"标明了店铺的位置。

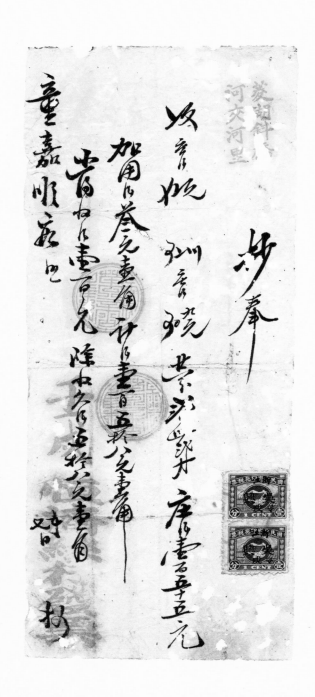

题名: 民国十一年（1922）恒济丝行发票

来源: 钱学明提供

按: 发票最右方有"抄奉"字样，意思同"发奉"，是一种尊称、敬称。"抄奉"左边为货物的详细内容，最左边落款为童嘉顺台照。发票上有"壬戌"字样，并有两张1分的印花税票。据此，可以推断此发票的开具时间为1922年。此外，从发票上也可以看出，"恒济丝行"位于菱湖斜桥河夹河里。

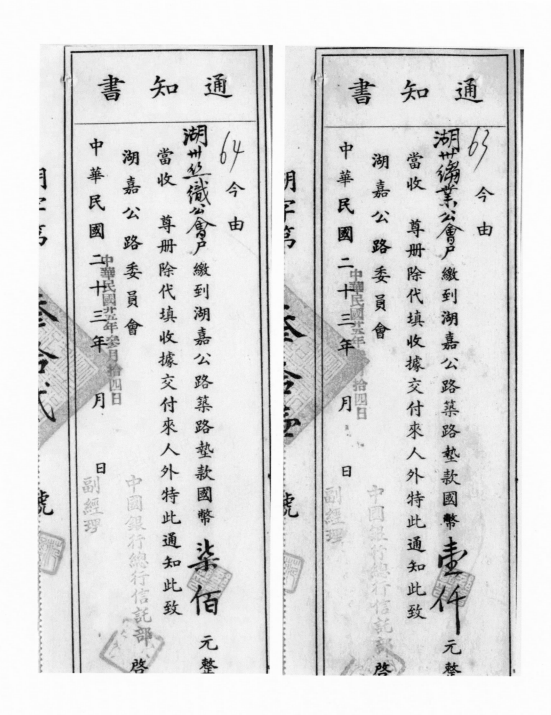

题名：民国二十五年（1936）湖嘉公路委员会通知书

来源：苏州市档案馆提供

按：这两份通知书是1936年湖嘉公路委员会收到湖州绸业公会和湖州丝织公会户上缴的"湖嘉公路筑路垫款"后颁发的收据。

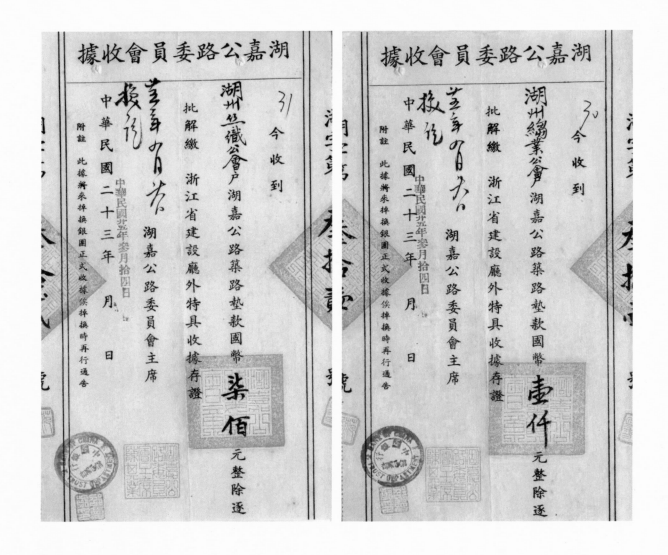

题名：民国二十五年（1936）湖嘉公路委员会收据

来源：苏州市档案馆提供

按：湖州绸业公会向湖嘉公路委员会缴纳湖嘉公路筑路垫款1000元，湖州丝织公会向湖嘉公路委员会缴纳湖嘉公路筑路垫款700元。所缴纳的钱款将上缴浙江省建设厅。

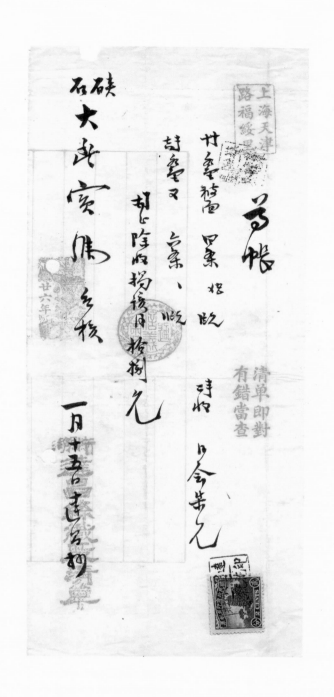

题名： 民国二十六年（1937）达昌丝织厂尊帐

来源： 钱学明提供

按： 这张达昌丝织厂给硖石大丰宝号的账单上，右下角贴有2分的印花税票，左边有博古清供图。清单详细罗列了购买的商品，包括10月10日购买的永丰被面4条，11月7日又购买的永丰被面6条。硖石大丰宝号进行了核实。达昌丝织厂由湖州人钮介臣创办。

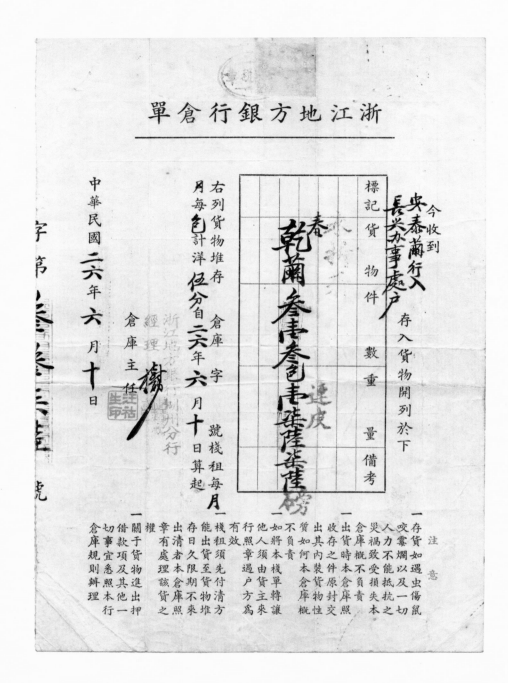

题名：民国二十六年（1937）浙江地方银行仓单

来源：钱学明提供

按：安泰茧行将313包共计17676磅干茧存入浙江地方银行长兴办事处，租金为每月每包5分钱，并从1937年6月10日开始计算。此外，双方约定，所存的货物如果遇到一切人力不能抵抗的灾祸，导致货物受损，仓库概不负责；出货的时候，仓库原封不动将货物交出，至于里面的货物性质，一概不负责任；货物取出之前，必须先付清租金等。

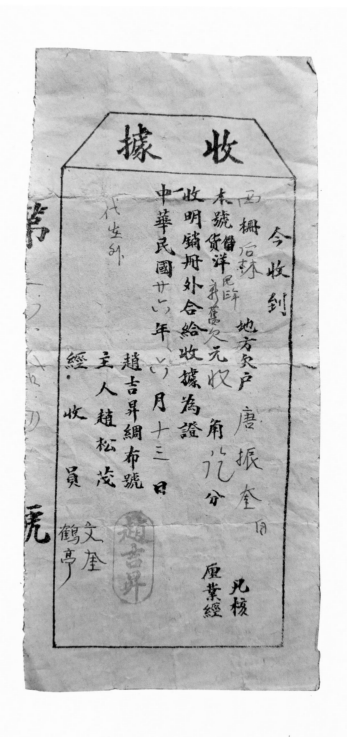

题名：民国二十六年（1937）赵吉昇绸布号收据

来源：钱学明提供

按：赵吉昇绸布号收到西栅后林唐振奎1924年的新旧欠款，除在账册中勾销外，还提供了一张收据。从这张收据也可以看出，布号主人为赵松茂。

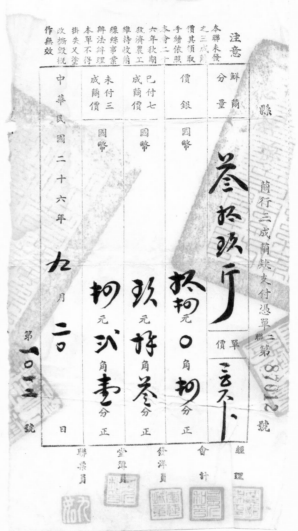

题名：民国二十六年（1937）茧款支付凭单

来源：钱学明提供

按：此茧行出具的茧款支付凭单记载，七成茧款分别为10元8分、9元8角3分，已经付清；
另有三成茧款分别为4元3角2分、4元2角1分，尚未支付。

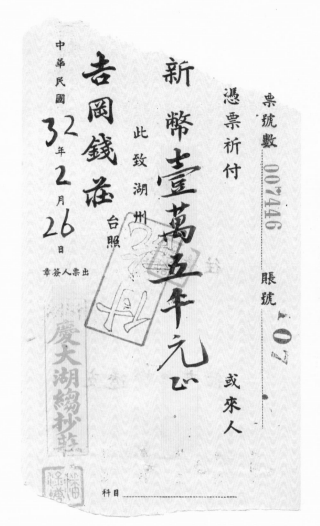
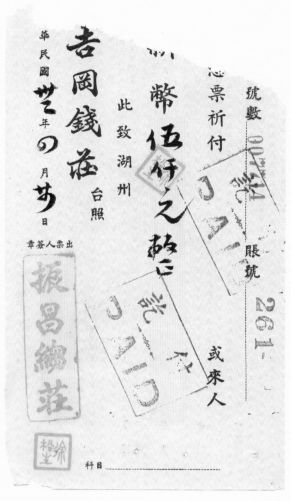

题名：民国三十二年（1943）湖州吉冈钱庄支票

来源：钱学明提供

按：这两张1943年的湖州吉冈钱庄的支票记载，湖州庆大湖绸抄庄、振昌绸庄各请吉冈钱庄凭借支票，分别支付15000元和5000元新币。

题名：民国三十三年（1944）中国绸业股份有限公司股票

来源：钱学明提供

按：中国绸业股份有限公司是湖州商帮在上海创办的著名绸缎企业。从这张中国绸业股份有限公司股票票面可以看出，公司于1944年进行登记，资本总额为7500万元国币，共计750万股，每股10元国币。公司董事长卢宠之，名元琛，湖州人，先后担任上海绸业银行董事、江苏银行信托部负责人等。公司董事钮植滋也是湖州人，善于经商，在丝绸行业很有声望，先后担任过永昌壬记绸庄副经理、浙湖绉业公所执行委员、上海市绸缎业同业公会执行委员、浙湖绉业公所理事等职务。

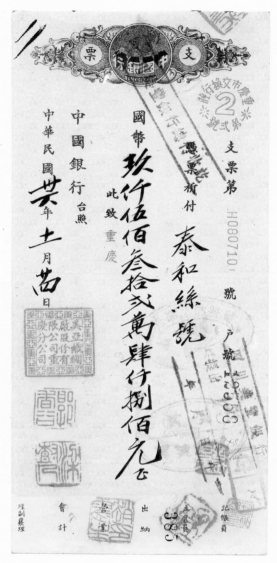

题名：民国三十六年（1947）中国银行支票

来源：钱学明提供

按：这张中国银行的支票记载，美亚织绸厂股份有限公司重庆分公司请中国银行凭借支票，向泰和丝号支付95324800元国币。支票上有记账员、主管员、出纳、营业等人的印章。1920年，莫觞清创办美亚织绸厂，并于1933年将其改组为美亚织绸厂股份有限公司，由其女婿蔡声白（湖州人）任公司总经理。

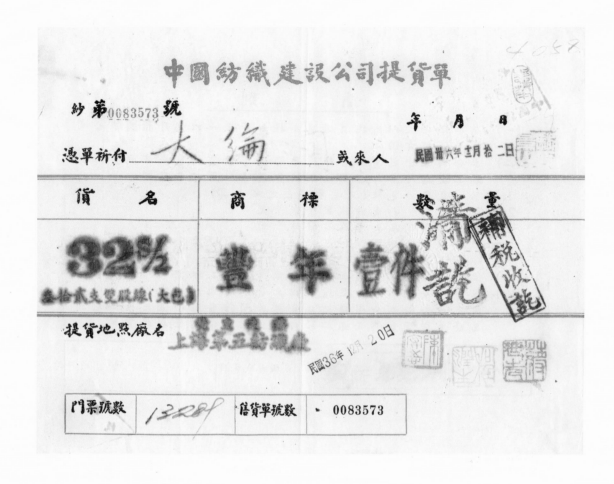

题名： 民国三十六年（1947）中国纺织建设公司提货单

来源： 钱学明提供

按： 凭借提货单，大纶可以前往上海第五纺织厂提取1件三十二支双股线（大包）。清光绪二十二年（1896），南浔庞元济与他人合伙在塘栖开办大纶丝厂，拥有意大利缫丝车208台，后增添至276台，有工人五六百人。

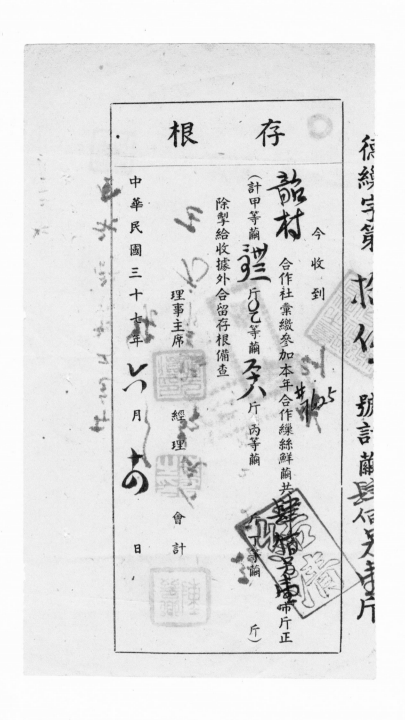

题名：民国三十七年（1948）存根

来源：钱学明提供

按：存根最右侧有"德缲字第"字样，内容中有韶村合作社，据此可以断定"韶村"为德清县新市镇韶村。韶村合作社在1948年上缴本年度合作缲丝鲜茧401斤，其中甲等茧333斤、乙等茧68斤。

题名：美亚织绸厂股份有限公司股票

来源：钱学明提供

按：美亚织绸厂股份有限公司股票发行于1948年6月15日，股票上公司董事中排首位的为湖州人蔡声白。1917年，湖州人莫觞清与美商合作开办美亚织绸厂，但因经营不善，不到3年就破产了。1920年，莫觞清在上海独资兴建美亚织绸厂，后改组为美亚织绸厂股份有限公司，并聘请自己的女婿蔡声白为经理。蔡声白上任后，便开始添置机械、革新管理、扩大经营，又以"合伙""兼并"等方式，使"美亚"发展成为拥有1200多台织绸机、职工3000多人的大型企业集团，其规模在全国丝绸行业中首屈一指。

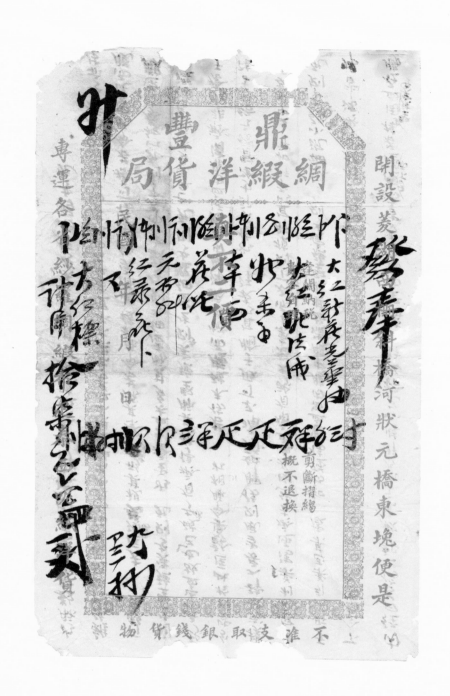

题名： 鼎丰绸缎洋货局发票

来源： 钱学明提供

按： 发票右边"发奉"中的"发"为发货，"奉"为奉上，一般在发票的款头之处。"发奉"左侧为购买物品的详细清单。发票上还打出了自己的广告："专运各省纱罗绸缎、布匹泰西呢绒洋货"，即经营范围；"开设菱湖西栅斜桥河状元东塬便是"，此句指出了商家地址。

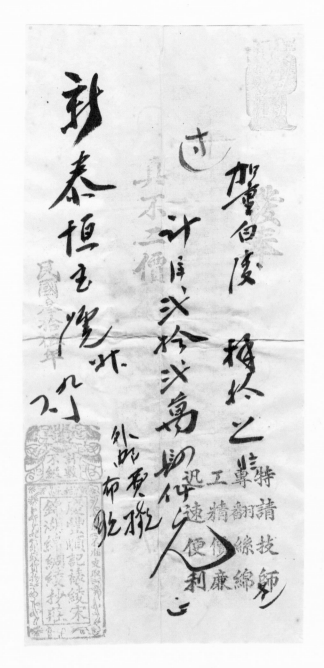

题名：发票

来源：钱学明提供

按：从印章和落款可以看出，"庆丰顺记裱绫宋锦湖绵绸绫抄庄"和"正和仁记裱绫宋锦湖绵抄庄"位于苏州，经营商品中均有"湖绵"。

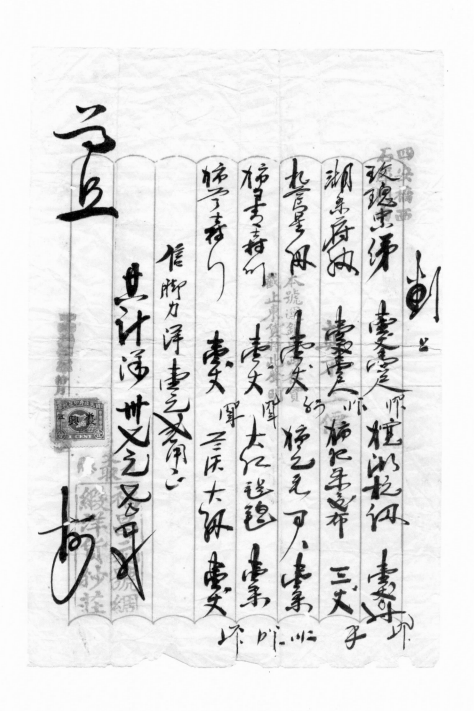

题名：福昌元号绸缎洋货抄庄发票

来源：钱学明提供

按：发票左侧粘贴有印花税票，并有"浙江长兴"字样，而发票的右上方有"四安桥西石库门内"字样。据此可以判断，福昌元号绸缎洋货抄庄位于长兴四安桥西。发票最右侧的"抄上"，是一种称谓，表明左侧是商家销售货物所开具的一份"发货单"。此外，发票上还标明"本号运销中西各货，截止东货，特此声明"，其中的"东货"即"日货"。

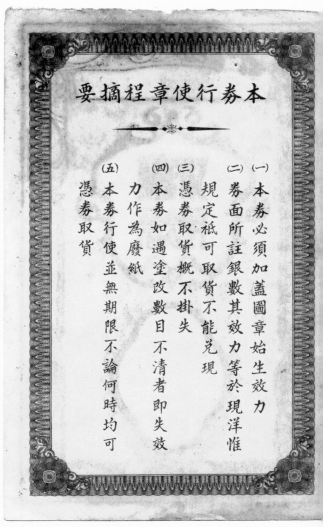

题名：湖州大丰绸缎洋货局礼券

来源：钱学明提供

按：从这张礼券可以看出，湖州大丰绸缎洋货局位于鱼巷口四层石洋房。使用章程明确，礼券必须加盖图章才能生效，券面上标注的面值和现钱有同等价值，但只能取货，不能兑现。礼券不能挂失，如果被涂抹导致数目不清，将作为废纸失去效力。此外，礼券没有使用期限，可以随时凭票取货。

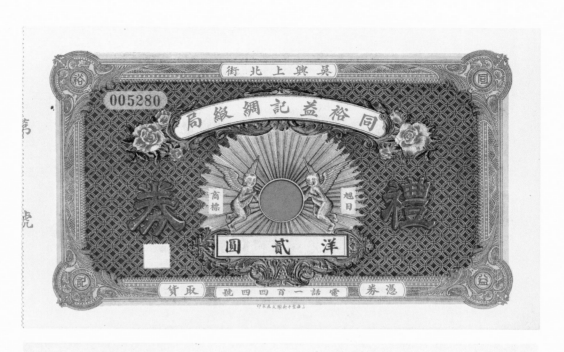

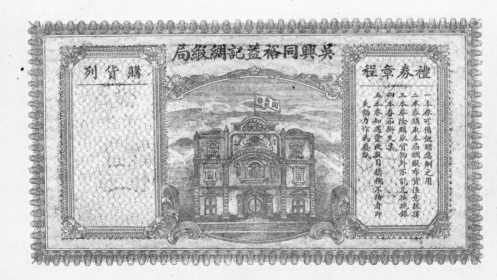

题名：同裕益记绸缎局礼券

来源：钱学明提供

按：从这张礼券可以看出，同裕益记绸缎局位于吴兴上北街。礼券章程明确，礼券可以用来馈赠、应酬，可以购买该店铺任意的绸缎、布匹货物，但不能兑换现银，不能挂失。如果被涂改导致数目不清，将会作废，被视为废纸。

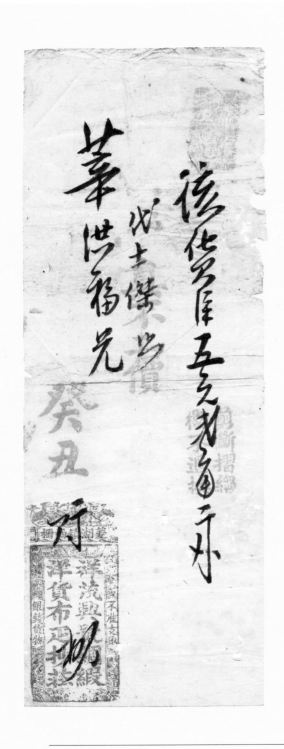

题名：祥茂兴号绸缎洋货布匹抄庄发票

来源：钱学明提供

按：在这张手写的发票中，祥茂兴号绸缎洋货布匹抄庄主要标明了货物的价格。从印章可以看出，店铺位于菱湖镇西栅。因无其他信息佐证，发票上的"癸丑"可能为1853年或1913年。此外，在这张发票右上方还盖有"菱湖镇状元桥东堍刘海戏金蟾"印记。

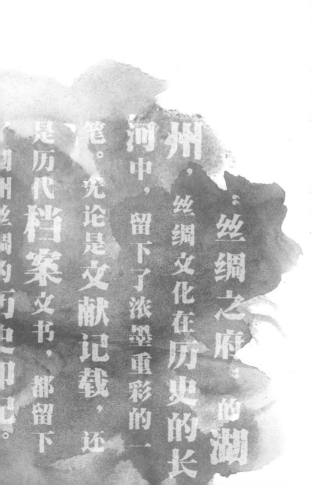

第三章 广告类

从清代到民国，湖丝行销海内外，名气很大。此章主要展示了涉及湖丝的店铺。

从这些广告、商标可以看出，当时，湖丝在市区、长兴县、孝丰县、南浔镇、菱湖镇、双林镇、新市镇等地店铺内售卖。这些店铺为了促销商品，采用文字或者图文并茂的方式，制作广告宣传页，宣传推销自己的产品。有些店铺甚至出现了外文宣传单页，证明了湖丝走向了国际市场。此外，有些店铺为了保护自己权益，设计了独有商标，避免客户上当受骗。同样，从这些广告中，我们也可以分析出当时湖丝买卖的市场比较集中，如湖州的北街、双林的横街等。此外，有些广告也将自己店铺的历史进行了简单介绍，从中可以窥见店铺的发展轨迹及其取得的成就。

在湖州区域之外，湖丝也在国内其他省份进行销售，特别是广东和上海，出现了许多售卖湖丝的店铺。这些店铺在广告中大多会特别注明"本店精选顶上湖丝"，突出店铺湖丝质量之高。这也从侧面说明当时人们对湖丝的认可度十分高。

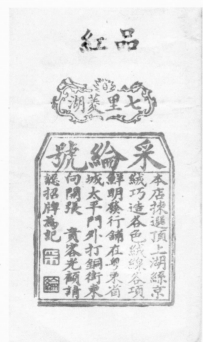

题名： 采隆号、采纶号、彩元号广告

来源： 钱学明提供

按： 这三家店铺开设于广东省，都选用七里湖丝进行织造。采隆号、采纶号在广告显眼位置标注了"七里菱湖"。广告上的"品红""杂色"表示颜色色彩。

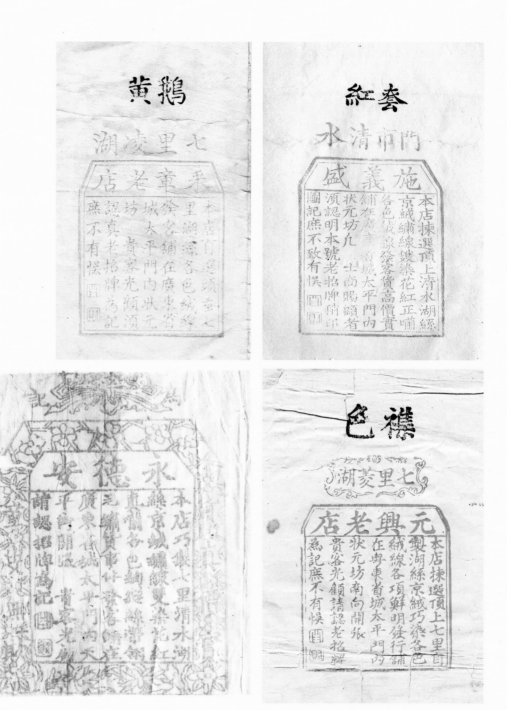

题名：采章老店、施义盛、永德安、元兴老店广告

来源：钱学明提供

按：这四家店铺均开设于广东省，都选用七里湖丝进行织造。采章老店、元兴老店在广告显眼位置标注了"七里菱湖"。广告上的"鹅黄""杂色""套红"表示颜色。

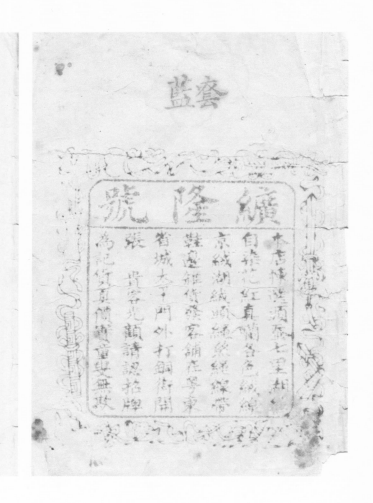

题名： 信盛号、纩隆号广告

来源： 钱学明提供

按： 这两家店铺开设于广东省，均选用七里湖丝进行织造。其中，纩隆号广告中特别注明"本店拣选头蚕七里湖丝"，信盛号广告中标注"本店拣选顶上清水湖丝"。

本號認眞採辦上等湖絲別選名機監工織造頂衣
加重各色雲紗綢緞及自晒薯莨紗綢等貨發客本
號向設廣州城外第七甫大巷內噇春洞街開張
貴商賜顧請認本號招牌幷認織女商標爲記庶不
致悞

本號電話一千二百二十八號

粵東阮錦彰本記老號主人謹識

阮錦彰老號雲紗庄

本號自設名欵
精綢報各欵
誠惢冒界賞識向
利藪自冒界賞識
女認諧君誠蒙雲机
商真吞惠目顧現牌
標元明顧識珠射識
爲記織諸請珠射諑

题名：阮锦彰老号云纱庄的织女商标

来源：蔡忍冬提供

按：从此商标可以看出，阮锦彰老号云纱庄位于广东省，该号认真采办湖丝，用来织造各种云纱、绸缎及薯莨纱绸等。由此可以看出，广东的粤绸、粤缎丝绸名品基本上都以优质的湖丝为原材料。

"云纱"即"香云纱"，本名"莨纱"，是岭南地区的一种用古老手工织造和染整制作而成的植物染色面料。其制作过程十分复杂，需要用优等的蚕丝织成胚布。这也印证了商标中的"认真采办上等湖丝"。

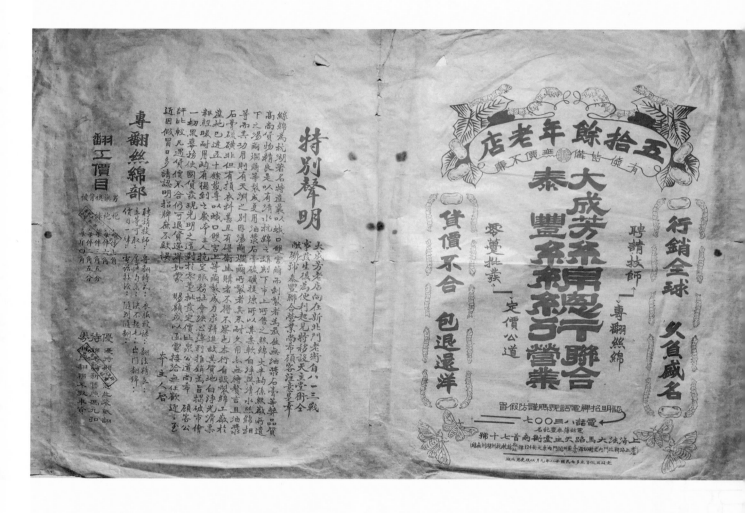

题名：大成芳泰丰丝绵总行广告

来源：钱学明提供

按：这份广告特别注明"丝绵为杭湖著名特产"，湖丝的知名度可见一斑。"本行自设制绵工厂于产地已达五十余载"，该广告语和厂址相呼应，可见生产店铺产品的工厂在湖州时间已经很长。

题名：上海美华十字挑绣图

来源：钱学明提供

　　按：从广告中可以看出，开设于湖州彩凤坊的老泰和、瑞和等销售美华十字挑绣图。早在1923年，上海新新美术手工社就开始出版《十字图案》系列画册，分销到各地书局和洋货行，受到闺中女子欢迎。美华艺术公司紧随其后，以更强的实力和更美的创意在1929年6月取得了商标局注册认证，以"美女"商标正式对外发行十字挑绣图样，以提高妇女的艺术修养和生活情趣。

题名： 中孚绢丝厂股份有限公司广告

来源： 南浔辑里湖丝馆提供

按： 1923年，南浔朱勤记丝绸掌柜朱节香在上海创办了中和绢丝厂。这虽是一家规模不大的小厂，却是中国民族资本在上海的第一家绢丝企业。企业因缺少经验导致亏损，不得不暂时歇业。两年后，企业重新利用资本、恢复生产，厂名改为中孚绢丝厂股份有限公司。中孚有了起色，织出了高质量的210支绢丝，并以"黄虎""狮子""钟虎"作为产品商标。1926年下半年，中孚厂的品牌绢丝参加美国费城世博会，获得了仅次于大奖的荣誉勋章。

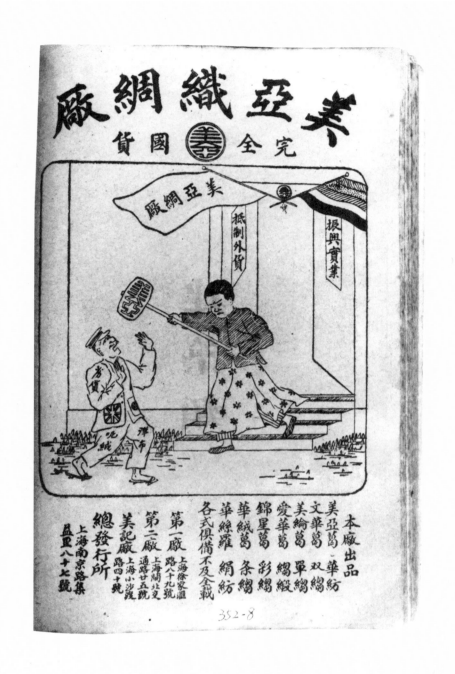

题名：美亚织绸厂广告

来源：上海图书馆提供

按：许多丝织品广告把购买国货与爱国运动、振兴国货结合起来。莫觞清、蔡声白创办的美亚织绸厂是民族丝织业的旗帜，也是国货运动的中坚。在这张广告中，美亚高举"振兴实业、抵制外货"旗帜、锤击洋货的画面，反映了美亚织绸厂工人的意志和国民的心声。

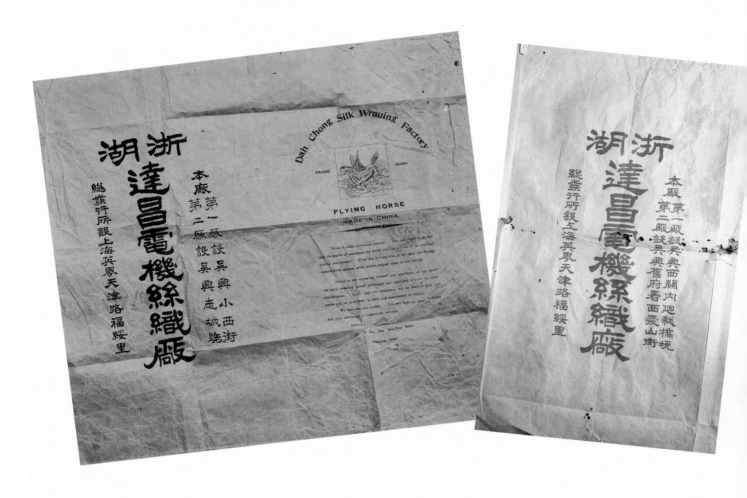

题名：达昌电机丝织厂广告

来源：钱学明提供

按：1917年，湖州人钮介臣在西门小西街回龙桥堍，与他人合伙集资创建达昌绸厂。1921年，钮介臣又在湖州市志成路购进旧府衙官地，建造新厂房，自制铁木电力机20台，并从瑞士引进全铁新型电力织机10台，以及准备车间设备等，创办了达昌电机丝织厂，又称达昌第二织绸厂。此外，广告上还有达昌的"飞马牌"商标。

题名：大昌绸缎洋货局、钮祥生、瑞和线庄广告

来源：钱学明提供

按：大昌绸缎洋货局开设于湖州上北街斜桥堍，有"松寿"商标，主要经营中西纱、罗、绸、缎等。钮祥生开设于湖州上北街混堂弄口，主要经营皮货、绸缎、呢绒等。瑞和线庄开设于北街里上北街，主要经营苏绣、湘绣、顾绣等。

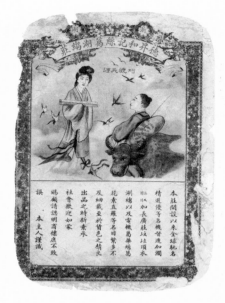

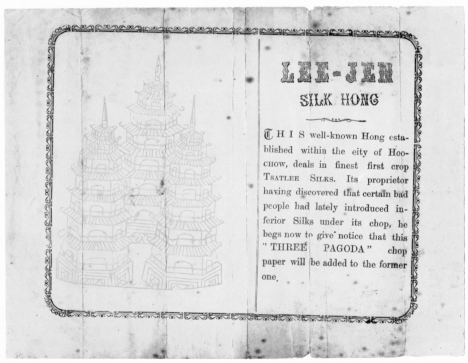

题名："飞英塔"商标和德昇和记丝葛湖绉庄、李记丝行广告

来源：钱学明提供

按：从"飞英塔"这张商标可以看出，中国生丝机器缫丝厂位于浙江湖州，商品品牌为"飞英塔"。德昇和记丝葛湖绉庄销售物品包括湖绉、葛华丝、葛花素等。李记丝行同样位于湖州，产品商标为"三塔"。

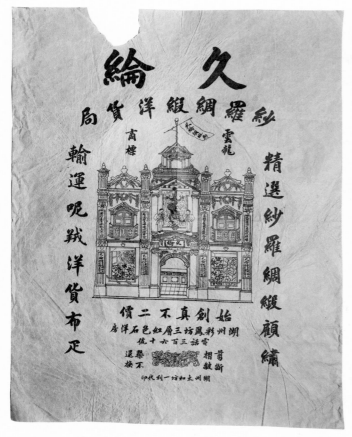
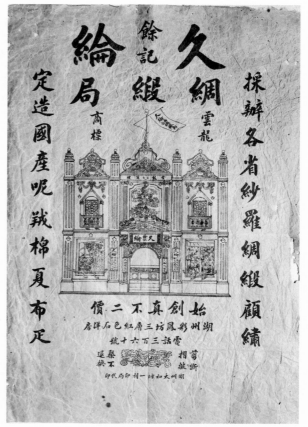

题名："云龙"商标

来源：钱学明提供

按：久纶余记绸缎局（久纶纱罗绸缎洋货局）位于湖州彩凤坊，主要经营纱、罗、绸、缎、顾绣等，并有"云龙"商标。顾绣起源于明代松江（今上海）人顾名世之家，是唯一以家族姓氏冠名的刺绣。

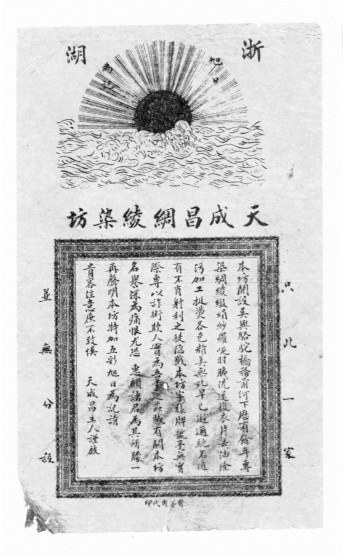

题名： 天成昌绸绫染坊、湖州同仁机器染厂广告

来源： 钱学明提供

按： 天成昌绸绫染坊开设在吴兴骆驼桥务前河下，专染绸、绫、缎、绢、纱、罗、呢等。为了防止顾客受骗，该店特地增加了"旭日"商标。湖州同仁机器染厂开设于务前河下子弟弄口。

题名：同裕益记绸缎局广告

来源：钱学明提供

按：同裕益记绸缎局位于湖城上北街三门面石洋房，主要经营各种纱、罗、绸、缎。广告提到，为提倡国货起见，该店搜罗国内各大名厂的丝、毛、棉、麻各样织品，供顾客选择。此外，同裕益记还有"旭日"商标。

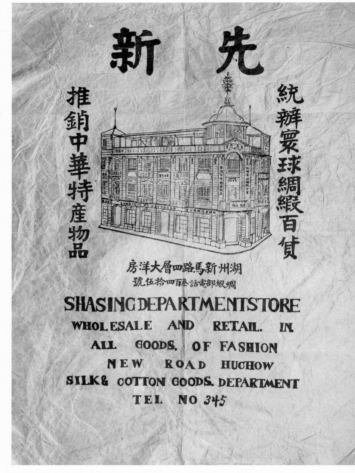

题名: 祥余庄、先新广告

来源: 钱学明提供

按: 祥余庄开设于湖州衣裳街小市巷口,主要经营各处典当行货物、清水湖绵等。先新开设于湖州新马路四层大洋房,采购全球绸缎百货,以供消费者挑选。

题名：永昌丝织厂"平湖秋月"商标

来源：钱学明提供

按：1919年，屠善之在其位于湖州霸王门私人丝织作坊的基础上成立了永昌绸厂。开张时，绸厂只有6台脚踏手拉的人力织机，后来发展到20台拉机。从1919年到1931年，永昌依靠有利的外界条件，经营业务大大发展，在安定书巷购地12.6亩，兴建厂房，设备发展到人机50台、电力机55台。自20世纪30年代初，永昌就自行设计生产真丝、传统缎、葛类等高档产品。1930年研发试制成功全新产品庐山纱，注册商标为"平湖秋月"。

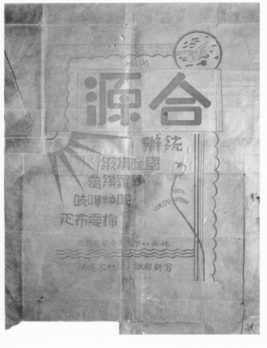

题名： 仁和庄、豫泰晋记绸缎局、合源广告

来源： 钱学明提供

按： 仁和庄开设于下北街新庄弄对面，主要经营各处典当的衣服、皮货、湖绵、湖绉等。豫泰晋记绸缎局位于湖州下北街局前巷口，产品主要有布匹、其他各国的呢绒洋货，并有"孔雀"商标。合源位于下北街局前巷对面，主要经营国产绸、缎、纱、罗、绉、葛等。

题名： 浙湖源余公司"富贵"商标

来源： 钱学明提供

按： "富贵"商标背面印有"吾国产丝之区，浙江最盛，独湖州优胜于他处""为振兴国货起见，拣选湖州辑里细糯丝身"的广告语，对湖丝评价极高。此外，"富贵"商标上还标注了"本厂设总发所于上海天津路怡安里，织造厂开设在湖州城内北街宁长巷"，可见产品织造主要在湖州。

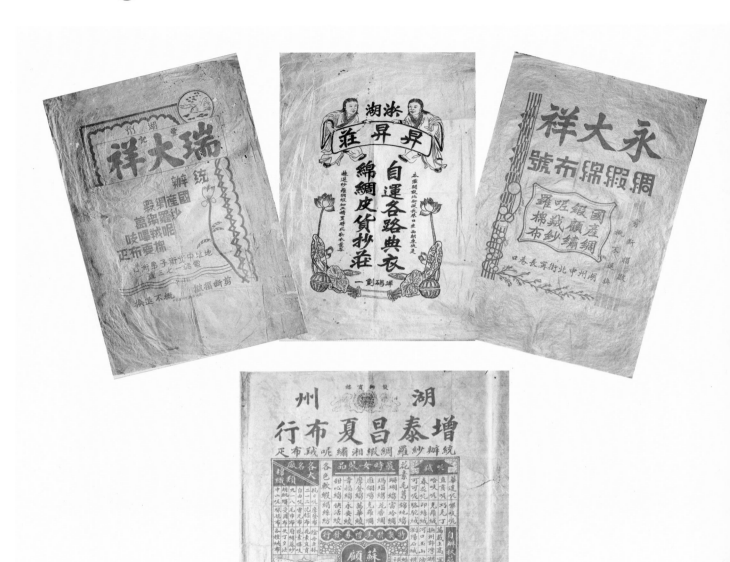

题名：瑞大祥、昇昇庄、永大祥绸缎绵布号、增泰昌夏布行广告

来源：钱学明提供

按：瑞大祥位于湖州中北街子弟弄口，主要经营国产绸、缎、纱、罗、绉、葛等。昇昇庄位于湖州北街宁长巷口，主要经营绵、绸、皮货等。永大祥绸缎绵布号位于湖州中北街宁长巷口，主要经营国产绸、缎、顾绣、呢绒等。增泰昌夏布行位于湖州北街，主要经营纱、罗、绸缎、湘绣等。

题名：周锦春绸缎局"锦鸡"商标

来源：钱学明提供

按：从广告上可以看出，周锦春绸缎局第一家于清代乾隆三十九年（1774）开设，曾经参加了1915年在美国举办的巴拿马博览会，获得优等奖章。另外，店铺地址在旧府署前宣化坊。

题名：嘉纶、久昌广告

来源：钱学明提供

按：嘉纶开设于湖州袁家汇大弄塘，经营纱、罗、绸、缎、顾绣、呢绒等，并拥有"金马"商标。久昌也位于湖州袁家汇大弄堂，经营纱、罗、绸、缎、顾绣、布匹等，并增加"飞童"商标。

题名：永大祥国产绸缎布号、同人和、元春绸布商店广告

来源：钱学明提供

按：永大祥国产绸缎布号位于南浔西大街，主要经营国产绸、缎、布匹及欧美呢绒等。广告上还特别注明"经理湖州达昌绸厂新颖出品"。同人和位于南浔大街中市，经营各种绸、缎、呢绒等，广告还特别注明"同行公议改用市尺"。元春绸布商店位于北市大街，经营国产绸、缎、呢绒、布匹等。

题名：福昌祥、福昌达广告

来源：钱学明提供

按：福昌祥位于善琏大街中市，主要经营呢绒、哔叽、绸、缎等。福昌达也位于善琏大街中市，经营纱、罗、绸、缎、呢绒、哔叽及国产布匹、丝毛织品等。

题名： 裕群蚕种制造场"黑猫牌"商标

来源： 钱学明提供

按： 裕群蚕种制造场成立于1928年，位于南浔镇南喜兜，其所制蚕种主要为"黑猫牌"。该蚕种制造场在经营过程中，因"黑猫牌"蚕种滞销停顿，被迫于1931年倒闭。该蚕种场十分注重员工培养教育，聘请了专门教师进行教学，除教授养蚕制种的科技课程外，还教授日语，课程的安排和中等专业学校类似。

题名：久成绸缎洋货布匹、久丰字号、裕纶绸缎局广告

来源：钱学明提供

按：久成位于菱湖上孙家廊下中市，主要经营绸缎、洋货、布匹等。久丰字号也位于菱湖镇孙家廊下，主要经营绸、绫、冬夏布匹等。裕纶绸缎局位于菱湖上孙街，主要经营国产的纱、罗、绸、缎及新出的绉和葛等。

题名: 唐广丰"金麒麟"商标

来源: 钱学明提供

按: 唐广丰开设于菱湖镇南栅,是湖州地区丝行的龙头企业,属于政府登记、认可的官行。唐广丰出口的"金麒麟""银麒麟""玉麒麟"等产品信誉好,质量高,是当时市场的抢手货。

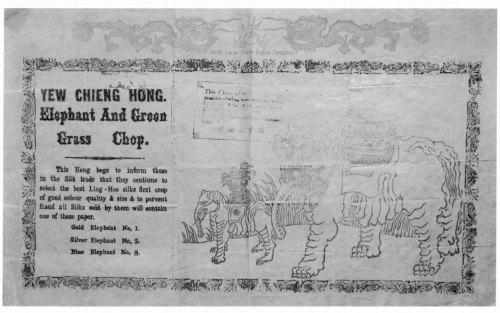

题名： 叶江（音译）丝绸行、兴号庄和永新广告

来源： 钱学明提供

按： 在叶江丝绸行广告上面，有"1892年6月新双龙争珠"字样，可见此为清代广告。广告提到丝绸行继续选择最上等的菱湖丝绸售卖。为防止顾客受骗，丝绸行制作了金象、银象、蓝象等防伪图像。

兴号庄和永新都开设于菱湖镇望河桥南堍。兴号庄经营各路当铺满当衣物，采办苏绣、湘绣及本镇的绢、绵、绸等供顾客挑选。永新主要经营国产绸、缎、棉布等。

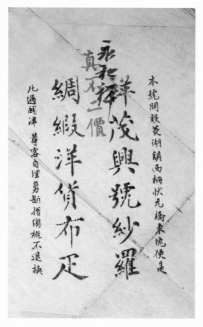

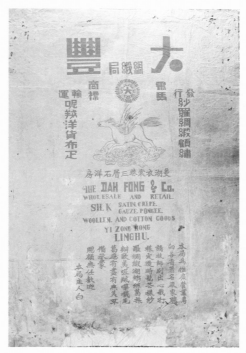

题名： 祥茂兴号、大丰绸缎局广告

来源： 钱学明提供

按： 祥茂兴号开设于菱湖镇西栅状元桥东塥，经营内容包括纱、罗、绸、缎、布匹等，广告背面为种桑养蚕事宜。大丰绸缎局开设于菱湖衣裳巷，并有"飞马"商标，主要经营湖绉、丝、葛、绸、缎等。

题名：大纶、丁嘉升号、沈裕升广告

来源：钱学明提供

按：大纶开设于双林塘弄桥口东首，精选国产绸、缎、纱、罗、绉、葛等，供顾客购买。大纶还有"和合"商标。丁嘉升号开设于双林镇中横街，专门售卖绫、绉和本镇的绵、绸、纱、罗等。沈裕升开设时间已有一百余年，包括了信记、菊记、泰昌、同昌、梅兰、锦记等。为防止产品被假冒，特别增加了"双麒麟"标记。

题名：久丰绸缎洋货局广告

来源：钱学明提供

按：久丰绸缎洋货局开设于双林上横街，主要经营各种纱罗、绸缎、苏绣、湘绣、顾绣等。

题名：谦吉本典提庄广告

来源：钱学明提供

按：广告中的"满货"即典当行的"绝当物品"，指质押在典当行到期未赎的民用物品。该庄位于双林镇长板桥塊，将绝当物品以低价出售，包括四季衣服、绵绸绵胎、皮毛等，以满足顾客需求。

题名：郑元记广告

来源：钱学明提供

按：郑元记开设于双林浮霞墩石库门内，产品经营范围包括湖绉、广东云纱、苏湘顾绣等。凡是有新出的丝织物品，店铺都是马上全部采购，以满足顾客需求。

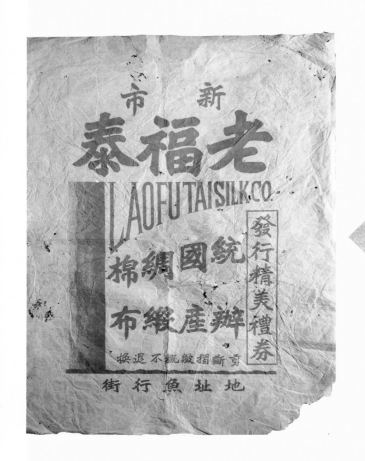

题名：老福泰、新大庄、正昌广告

来源：钱学明提供

按：老福泰位于新市镇鱼行街，主要经营国内的绸、缎、棉布。新大庄开设在新市镇鱼行街东首石库门内，主要经营绵、绸、礼服等。正昌开设于新市镇鱼行街西首石库门内，主要经营春天的新丝、葛、绸、缎、布匹等。

新正昌

市鎮

魚行街西首石庫門内

本號開設歷有餘年
專辦名機紗羅綢緞
線春時新絲葛泰西
綢緞呢羢嗶嘰絲光
廠布各路秋莊冬夏
洋貨布疋價廉物美
荷蒙各界惠顧之
雅意無任歡迎

杭州美昇五彩石印局代印

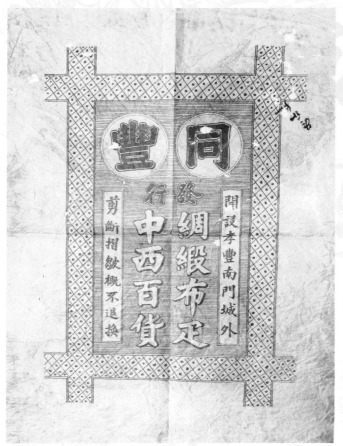

题名：同丰、许永昌广告

来源：钱学明提供

按：同丰开设于孝丰南门城外，主要经营绸、缎、布匹以及中西百货。许永昌开设于孝丰南门外青石坊，主要经营欧美呢绒、纱、罗、哔叽等。

第四章

综合类

本章的照片档案众多，时空跨度大，内容十分丰富。从元代程棨的《摹楼璹蚕织图》，到民国时期的炼染厂执照；从英国画家托马斯·阿罗姆笔下的湖丝作坊到万国丝绸博览会的丝绸展品。这些档案从方方面面见证着湖丝的发展历史。

1851年，辑里湖丝在英国伦敦世博会上荣获大奖。这次世博会之行，使得辑里湖丝从名动华夏，变成了享誉世界的产品。随后，湖丝先后在圣路易斯世博会、南洋劝业会、巴拿马世博会、万国丝绸博览会、费城世博会等展会中亮相，给各国留下了深刻的印象。特别值得一提的是，西湖博览会专门设立了吴兴的绸业、美亚绸厂等特别陈列室，使湖丝大放异彩。

在参加国内外博览会过程中，湖州人敏锐地意识到当时缫丝技术的不足。他们不断学习改良，推动缫丝技术进步。如"四象八牛"之一的梅家不断改良制丝技术，将辑里湖丝发扬光大，包揽众多国际大奖。章荣初则成立菱湖建设协会，积极改良蚕种，为家乡蚕桑事业的发展作出极大的贡献。

此外，本章还展示了美亚织绸厂、达昌第二电织厂、公和永缫丝厂、吴兴天昌练染厂等湖州人开办或执掌的工厂。面对各种困难，这些"掌门人"毫不退缩，迎难而上，带领自己的企业在商海中奋力搏击，书写着湖州商帮的传奇。

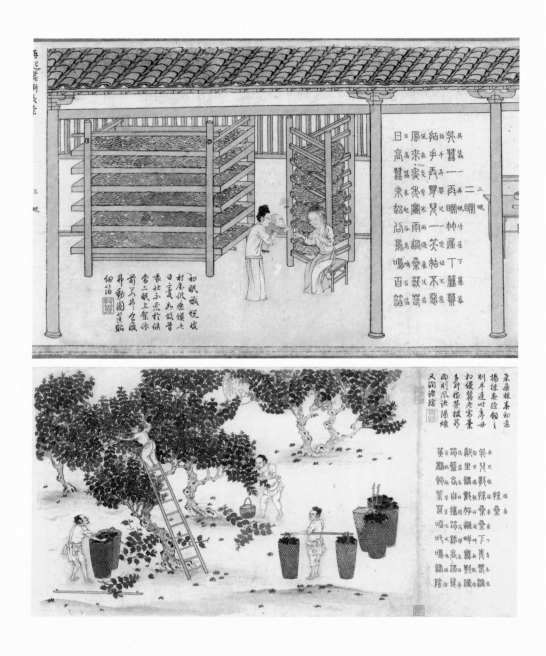

题名： 元程棨（传）《摹楼璹蚕织图》（部分）

来源： 湖州市档案馆提供

按：《二眠》："吴蚕一再眠，竹屋下帘幕。拍手弄婴儿，一笑姑不恶。"写出了在相对清闲的蚕眠阶段，老人含饴弄孙其乐融融的场景。《采桑》："吴儿歌采桑，桑下青春深。邻里讲欢好，逊畔无欺侵。"描写了采桑时邻里们互相谦让，不争不抢。其中的"吴"即吴地，泛指太湖流域。

传为元人程棨所绘的《摹楼璹蚕织图》共24幅，描绘了宋代蚕事体系从桑蚕养育到织丝成帛的24个场景（步骤）。

Silk Farms at Hoo-Chew.

Fabriques de soie à Hoo-Chew.   Seiden Pachtgut zu Hoo-Chew.

THE LONDON PRINTING AND PUBLISHING COMPANY LIMITED.

题名：19世纪英国画家托马斯·阿罗姆笔下的湖州丝绸作坊

来源：钱学明提供

按：画家以细腻的笔触和丰富的细节，生动再现了晚清湖州丝绸作坊的繁忙景象。托马斯·阿罗姆是一位没有到过中国的英国人，但他认真研究了其他画家的中国图像。此画基本保留了当时中国社会风貌的特征，虽然在细节上不时融合他自己的想象和情感，但依然具有特殊的艺术价值和历史价值。

题名： 清咸丰元年（1851）"荣记湖丝"享誉英国伦敦世博会

来源： 上海图书馆提供

按： 1851年，产自湖州南浔辑里村的"荣记湖丝"在首届世博会伦敦万国工业博览会上获金、银大奖，并由英国的维多利亚女王亲自颁发奖牌、奖状。

当时，在上海经营"荣记丝号"的徐荣村偶然获悉英国将举办第一届万国工业博览会的

消息，立即将自己所经营的"荣记湖丝"打上12包，装上货船，紧急运往英国伦敦。但是，"荣记湖丝"用麻布包裹，与雍容华贵的氛围很不协调。世博会开了5个月，评委们还没有打开看过它。最后，当其他展品全被评委们反复品评之后，他们才想起了这12包来自中国的展品，打开一看，都大吃一惊：洁白的"荣记湖丝"柔软而富有弹性，最终确认"荣记湖丝"在所有参展的丝绸中质量最佳，决定颁发金、银大奖。

题名：荣记湖丝商标

来源：上海图书馆提供

按：为突出自己经营的商品品质，方便消费者辨识，徐荣村给自己营销的货品打上"蚕桑为记"商标，包装纸上也印上"蚕桑为记，荣记字号，亲自过目，拣选上上正路七里单片细经湖丝，各种大蚕，恐有冒充本号招牌，特加此防帖为记"，并注明货品规格。"荣记亲选顶号（头号、贰号）广字匀糯七里"，表明徐荣村按照七里丝质量优劣，将货品分为顶号、头号、二号等。

题名：清同治十一年（1872）诰命

来源：湖州市博物馆提供

按：这是清代利用双林绫绢做成的沈镕经奉天诰命。诰命是皇帝圣旨的一种，明清皇帝对五品及以上官员、其先代和妻室授予封典，名诰封。此件诰命蓝、红、黄、白、紫五色纬线分区换色，形成五色绫效果。绫上以满、汉两种文字书写，首尾处分别织双龙纹样及满、汉"奉天诰命"四字，尾署"同治拾壹年拾月初玖日"，并盖有玉玺两方。

题名：清光绪二年（1876）费城世博会中国馆内景

来源：上海图书馆提供

按：中国政府第一次参加世博会是1876年的费城世博会。当时作为中国工商界代表的李圭专门写了一本名为《环游地球新录》的书，记录了他代表中国参加费城世博会的情况。书中记录："再进一门，两旁置高柜……绸有如线绉、湖绉者。"可见，湖州的丝绸也在费城世博会中参展。此外，书中还记录了大清国的展览："北向建木质大牌楼一座，上面大书'大清国'三字，横额曰'物华天宝'。"

题名： 清光绪七年（1881）上海第一家民族资本机器缫丝厂——公和永缫丝厂

来源： 湖州市图书馆提供

按： 创建于1881年的公和永缫丝厂，又名昌记缫丝厂（Chang Kee Filature），位于苏州河北岸，是上海第一家华商投资的机器缫丝厂。

创办人黄佐卿，又名黄宗宪，浙江湖州人，清末实业家，长期以来经营丝棉纺织业，是上海著名的丝行——昌记丝行的创始人。当时，黄佐卿聘请意大利人麦登为工程师，招工300人，向法国订购缫丝车100台全套设备，用来筹建开办公和永缫丝厂。

题名: 清光绪三十年（1904）在美国圣路易斯世博会中展出的辑里湖丝

来源: 南浔辑里湖丝馆提供

按: 1904年，清政府派出了由皇亲溥伦带队的政府代表团，参加了美国圣路易斯世博会。辑里湖丝在世博会中展出。此外，在这届世博会上，代办出使美日秘古国大臣沈桐，承担了中国参加赛会的前期准备工作。沈桐就成了第一位出现在世博会上的湖州籍官员。

题名：清光绪三十一年（1905）列日世博会负责与会事务的清朝驻比利时大臣杨兆鋆

来源：上海图书馆提供

按：杨兆鋆（1854—1917），湖州人，清末外交官。1904年，时任比利时钦差大臣的杨兆鋆被清廷任命为1905年中国派驻比利时列日世博会的钦差大臣兼赛会监督，这是中国文官首次领队赴会。清政府按照海关总税务司赫德的意图，将以前在美国圣路易斯销售剩余的参展货物运往列日世博会，但激起了许多华商的强烈不满。杨兆鋆上任后，一改过去洋人凭其自己爱好征集展品的做法，采用了官方征集、民间自愿报名的办法。在他的组织下，全国有30多个城市组织展品参展，取得极大的成功。

题名：清光绪三十一年（1905）列日世博会中国所获奖状、奖牌的咨呈及获奖清单

来源：上海图书馆提供

按：在1905年的比利时列日世博会上，经过杨兆鋆、中国驻比外交人员和中国参展商民的共同努力，中国获得了各类奖状、奖牌100项，得奖数量与英、美、奥、意等国不相上下，取得极大成功。为褒奖杨兆鋆的出色工作，在世博会结束后，比利时国王特授予他"头等宝星"奖章。湖州商人在这届世博会上也收获颇丰。

题名： 清光绪三十二年（1906）华商赴米兰世博会清册（部分）

来源： 上海图书馆提供

按： 意大利为庆祝辛普朗隧道顺利通车，专门举办米兰世界博览会。1905年，清政府决定参加此次意大利米兰世博会。从这份清册可以看出，产于湖州的绸缎在参赛物品之中。

题名： 清宣统二年（1910）在南京举行的南洋劝业会场景

来源： 上海图书馆提供

按： 1910年，清政府在南京举办南洋劝业会，各省都设置了一个展馆陈列产品。这是中国举办的第一次世界博览会，也是中国历史上首次以官方名义主办的国际性博览会。辑里湖丝在南洋劝业会评比中分别获得头等、二等商勋和超等、优等奖。

　　会上，南浔梅履中以梅恒裕丝经行所出"绣麟""金鹰钟"等经牌得头等商勋，"银鹰""飞马""黑狮""荷花""梅月""梅石"等经牌得超等奖；吴其核以其昌丝行所出"金蝶"经牌得头等商勋；沈秉钧以沈天长丝行所出"斗鸡"经牌得二等商勋，沈鉴记丝行所出"金驹"经牌得超等奖，邵月记丝行所出"青狮"经牌得优等奖。

题名：清宣统三年（1911）辑里湖丝在意大利都灵世博会上获奖

来源：南浔辑里湖丝馆提供

按：1911年，意大利都灵世博会举办。上海丝业领袖、湖州人杨信之再次组织江浙皖丝厂茧业总公所所属企业参赛，获得了多个奖牌。梅恒裕的丝经产品获得金奖。

题名：清宣统三年（1911）意大利都灵世博会沈寿送展的绣品《意大利皇后爱丽娜像》

来源：上海图书馆提供

按：沈寿的作品《意大利皇后爱丽娜像》在意大利都灵世博会获奖。会后，清政府代表将此绣作为礼品赠送给意大利皇后。

沈寿原名云芝，南浔菱湖竹墩人，清末民初著名绣女。1904年，其作品《八仙上寿图》和《无量寿佛图》被送入宫中为慈禧太后七十寿辰祝贺。慈禧见了大喜，亲赐御笔"寿"字，沈由此更名。清朝政府还授予她四等商勋，并于农工商部下设绣工科，由沈寿任总教习。

题名: 民国四年（1915），辑里湖丝在巴拿马世博会获奖

来源: 南浔辑里湖丝馆提供

按: 1915年，美国在旧金山举办巴拿马世博会，辑里湖丝独占鳌头，斩获颇丰。其中，南浔梅恒裕多个品牌的产品在世博会上夺得金奖，由湖州人杨信之创办的上海勤昌丝厂的丝经获得名誉奖。此外，在本届世博会上，南浔籍刺绣艺术家沈寿的刺绣作品《耶稣像》荣获金奖。

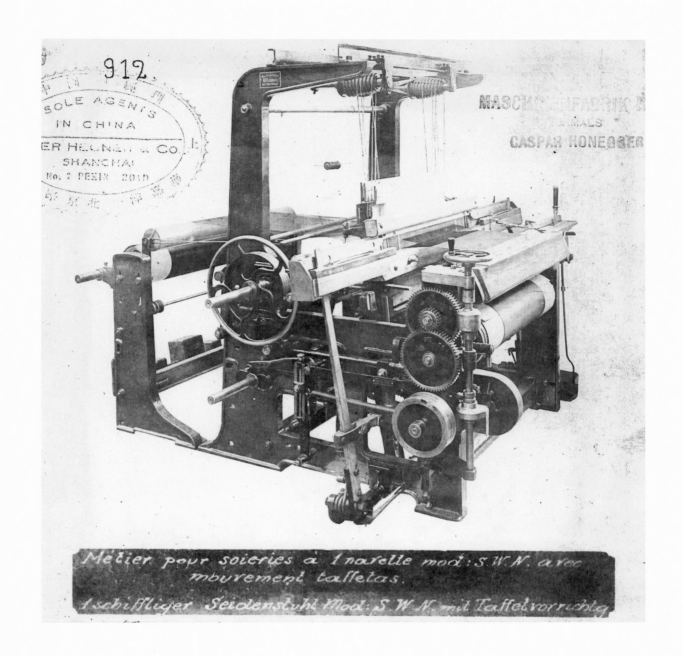

题名: 民国十年（1921）达昌第二电织厂从瑞士引进的电力丝织机设备

来源: 潘新年提供

按: 1921年，丝绸业出现电力丝织机，湖州诞生了首家以电为动力的丝绸厂——达昌第二电织厂（又称"达昌第二绸厂"）。鉴于电机织绸出货快捷、品质优良，实为企业发展之所需。厂商纷纷弃手工，从事电机织造。

题名: 民国十年（1921）赴美国纽约参加第一次万国丝绸博览会中国丝业代表合影

来源: 南浔辑里湖丝馆提供

按: 1921年，第一次万国丝绸博览会在美国纽约举行。中国派代表团参加，代表团成员中既有熟悉蚕丝业的同业组织领导者、华丝企业家，又有曾留美学过蚕丝技艺者，使得这次参赛带有考察意义。图中后左一为南浔辑里丝帮代表张鹤卿，前右一为南浔梅恒裕丝经行少东梅仲洼。张鹤卿和梅仲洼成为湖州最早参加国家丝商赴美考察团的丝业代表。

题名：民国十年（1921）中国丝业代表团赴美参展

来源：南浔辑里湖丝馆提供

按：1921年2月6日至12日，第一次万国丝绸博览会在美国纽约举行。中国代表团由江浙皖丝厂茧业总公所代表、山东黄灰丝业代表，上海丝业会馆土丝摇经业代表张鹤卿、梅仲洼等组成。会后，留美学生周延鼎（湖州人）等专门撰写了报告书，总结了参赛经验并提出关于丝业改良的具体建议。

具志願書張保祥年十七歲宜興吳興縣人現住馬池圩地方願投

貴廠規則情願一律遵守其在學習期內應需學費及損壞

之機具耗費之絲經約計此費爲數甚鉅蒙

貴廠不惜鉅資養成工業人材故願自入廠日起服務五年

於五年之中學成能織綢須先學織五百丈願領一半工

資分二級領取其膳費在五百丈期內蒙

貴廠格外體恤僅收半資如未經織滿五百丈改業中途告

退因有於前之損失故不足之數應由保證人照工價

賠償繳納如故意違犯規則希圖斥退藉以另圖別就

或要挾罷工或對於鑪錢貨物有不測以及病故等情

須繳罰金五拾元本人無力繳納應由保證人負責賠

繳本人在廠服務或有不正當之行爲等情概歸保證

人理涉與廠無關恐後無憑邀同保證人具此志願書

爲證

民國十一年二月初二日　立志願書張保祥十

中人職業張金牛

保證人高文桂十

住址

通信處

题名： 民国十一年（1922）张保祥志愿书

来源： 钱学明提供

按： 在这份志愿书中，吴兴县的张宝祥为学习织绸的新方法，与工厂约定：遵守工厂的一切规章制度，并从进厂之日起服务5年。5年之内学成后，先学织500丈。在此期间，张宝祥领取一半工资，缴纳一半伙食费。如果没有织满500丈就中途退出，产生的损失由保证人按照工价缴纳。

题名： 民国十五年（1926）费城世博会中国馆内的生丝展品

来源： 上海图书馆提供

按： 1926年，美国费城举办世界博览会，这是美国历史上的第一次世界博览会。会上，南浔人顾敬斋的源康丝厂、南浔人周庆云的吴兴第一模范缫丝厂等生产的生丝获奖。兴机缫丝参展的辑里湖丝载誉而归。

题名：民国十五年（1926）美亚织绸厂总厂

来源：湖州市档案馆提供

按：1920年，湖州人莫觞清独资兴建美亚织绸厂，后改组为美亚织绸厂股份有限公司。1921年，莫觞清的女婿蔡声白被聘为经理。1924年，蔡声白参股，美亚由莫觞清、蔡声白合伙经营。1929年，美亚购买文记丝织厂厂房，改称久纶织物股份有限公司（后称"美亚十厂"）。1936年，美亚十厂被批准成为关栈厂，允许免税进口人造丝，进厂加工成绸匹后直接出口，是中国第一家保税工厂。

题名: 民国十八年（1929）西湖博览会上的湖丝展馆和美亚绸厂陈列室

来源: 浙江省档案馆提供

按: 1929年，浙江省政府借"北伐告成，南北统一"之机，举办了西湖博览会，旨在促进国货出口。丝业界人士将湖丝的丝经样品送会展览。西湖博览会上专门设置湖州丝织物陈列室和美亚绸厂陈列室。其中，美亚绸厂由湖州双林人莫觞清创办、蔡声白执掌。

西湖博览会总报告书 特等奖

十

益利汽水公司　同前　罐头饼干　另有他种汽水菓子露给一等奖一

泰曼罐头食品有限公司　同前　罐头和合粉　另有他种罐头给一等奖一

中国根泰制造厂　美味和合粉

鼎阳观　酱头食品

中国除精公司　天厨味精

中华珐琅厂　珐琅瓷器

五洲药房　硫磺皂及安息香炭酸皂除虫菊观音粉焦

中国化学工业社　三星杀蚊蝇炭酸酊安及纳夫脱林衣打克利所水霜锭固本肥皂

泰来丝厂　同前　丝　蛋兄

云泰丝厂　同前

安豫丝厂　同前

中孚公司　纺

美亚织绸厂　同前　绸

闵行绸厂　香云绸

李源记　舞衣

中国铁工厂　阔幅力织机六梭布机

三星棉织厂　全铁电力毛巾机

西湖博览会总报告书 出品给奖一览

三

大纶久记丝厂　同前　厂丝

华纶丝厂　同前

久微馨园　蜜淋精

徐同泰　虎爪笋乾

方春庐　肥挺尖笋乾

程世杰　烧酒

时新厂　清汁笋

南浔汽机改良丝厂　改良丝

梅恒裕　湖里丝

同昌厂　中央绸

瑞纶厂　素华绸

怡和祥厂　华丝葛

弘生昌厂　新华绸

恢和祥厂　珠素绸

达昌厂　丝绸纺

题名：民国十八年（1929）西湖博览会获奖名单

来源：浙江省档案馆提供

按：1929年6月6日，民国时期最大的一次博览会——西湖博览会开幕，前后历时137天。博览会上，辑里丝、湖绉、改良丝等多种湖丝获奖。其中，由莫觞清创办、蔡声白执掌的美亚织绸厂和由朱节香组建的中孚绢丝厂股份有限公司产品获得特等奖。此外，湖州的达昌厂、梅恒裕、南浔汽机改良丝厂、丽生厂等的产品也获得大奖。

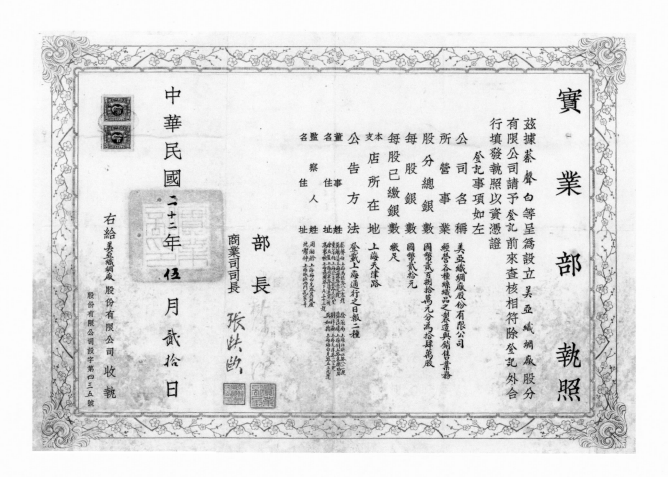

题名：民国二十二年（1933）美亚织绸厂股份有限公司执照

来源：湖州市档案馆提供

按：在这张实业部执照上，蔡声白申请设立美亚织绸厂股份有限公司，生产、销售各种丝织品。总股份为280万元国币，分为14万股，每股20元国币。董事包括蔡声白、莫觞清等。

　　1933年，蔡声白将美亚改组为股份公司，旗下有美亚、美艺、美章、美兴、美隆等20余家分支企业，包括绸厂、绢厂、绸庄、绸缎局等。改制后的美亚股票上市后迅速上涨，成为明星股票。

题名: 民国二十三年（1934）美亚模特

来源: 上海图书馆提供

按: 为充分宣传国货，扩大美亚丝绸的影响，蔡声白邀请电影摄影师陈惟中到湖州农村拍摄电影，专门深入乡间桑林、村户蚕房和市镇的丝绸企业，把种桑、养蚕、缫丝、织绸等中国传统的丝业按序分工，逐一精心拍摄下来，又和时装表演的场景合成中国近代工业发展史上第一部大型广告电影《中华之丝绸》。这部《中华之丝绸》首映于1928年，它既是美亚的广告宣传片，也是中国丝绸的形象代言者。

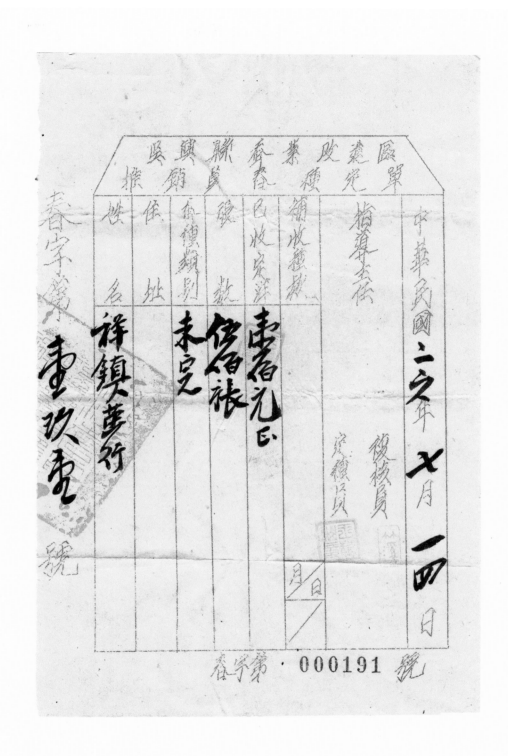

题名：民国二十六年（1937）吴兴县蚕业改进区推销员春种定单

来源：钱学明提供

按：这张春字第191号定单提供了如下信息：祥镇茧行定购蚕种500张，已经缴纳定金100元，但蚕种类别尚未确定。

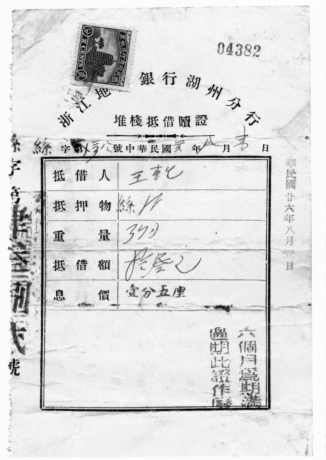
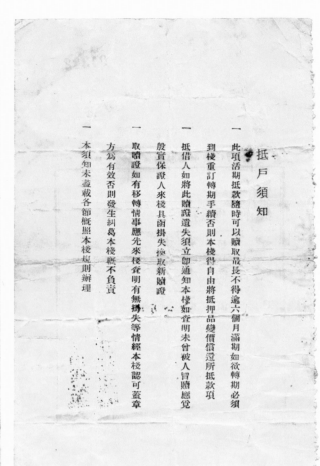

题名：民国二十六年（1937）浙江地方银行湖州分行堆栈抵借赎证

来源：钱学明提供

按：从这张堆栈抵借赎证可以看出，抵借人王老七用3斤丝进行抵押，向浙江地方银行湖州分行借款13元，利息为1分5厘，期限为6个月。这也充分表明，当时湖丝有很高的价值，可以充当抵押物。

浙江省達昌絲廠戰時直接遭受損毀情形報告表

事件 為填報戰時受敵損毀絲（日寇於民國二十六年侵略浙江吳興，受敵單部拆燬一部分）廠仰祈賜予賠償由

時期 民國二十六年　　地點 湖州小西街　　字第 35 號

項目		戰前設備情形			遭受損失情形				現況	
		名稱	式樣	數量	損毀數量	損毀原因	損毀程度（全毀／可能修復）	損毀年月 損毀總值	可能使用	可能修復
資業	廠名 達昌繅織廠	建築方面			淪陷時受敵機轟炸，廠房屋面受損，因調廠部分並置閉工，故由本廠自行修理。					
	所在地 湖州小西街									
	創辦人 鈕少卿									
	創建年月 民國六年									
	組織情形 合資									
營業 資本	廠名 達昌繅織廠第一廠	繅絲機平 坐繅	意式	六十部	四十部	拆燬	全燬 未能	民國二十六年 目前估價在壹億元以上 民國二十六年約值壹萬元	修理後可用二十部	
	所在地 湖州小西街	揚返平		四十部	四十部	〃	〃　〃	〃		
	代表人 鈕介臣	煮繭機								
	通訊處 上海天津路170弄11號	鍋爐	5½呎/16呎 臥式	一座						
	組織情形 合資	檢驗設備								
	貸業 式億四千萬元	其他貸品			水汀管子	〃	〃　〃	〃		因損燬大部分未曾裝配
	固定 壹億元									
	流動 五十萬元	副產品								
戰時經過	戰爭初起，吳興即遭淪陷，在此混亂時期，由敵撤卸繅絲車及机械筈									
員工傷亡	年月 原因 人數									
備註	民國二十六年被炸撤卸大半，僅存車式地部，戰期內，未曾遂裝。									

填報人　　貸業代表 鈕少卿　　營業代表 鈕介臣　　35 年 12 月 14 日

注意：（1）本表一式填四份，一留底，一送本會彙編統計及分別呈轉，（2）「字第　號」由本會編定

058

題名：民國二十六年（1937）湖州達昌繅織廠戰時直接遭受損毀情形報告表

來源：上海市檔案館提供

按：從這張表格中可以看出：1937年，達昌繅織廠廠房遭到日軍敵機轟炸，屋面受損。60部坐繅機、40部意式立繅車被拆毀。日軍入侵湖州後，65%的桑園被毀，5家絲廠解散，2家被日軍長期佔領；城鄉20餘家綢廠被燒毀，3000餘台綢機被毀，湖州絲綢業遭到嚴重破壞。

011

菱湖建設協會下昂指導所概況調查表　三十五年　四月二十日

備註		指導所細詳情況摘記	設備狀況	農村一般情形

题名：民国三十五年（1946）菱湖建设协会下昂指导所概况调查表

来源：湖州市档案馆提供

按：这份情况调查表十分详细，包括指导所地址、养蚕户总数、饲育蚕种张数等。从这张表格可以看出，下昂有24户养蚕户，饲育蚕种100张，蚕的品种主要是洽桂、华七，桑蚕病虫害主要是桑尺蠖和金毛虫，农民自有桑叶300余担，催青室设在菱湖三省堂。养蚕方法填写内容为墨守旧法，技术低劣，说明养蚕方法亟需革新。经济状况一栏内容为枯竭，表明抗战胜利后，下昂的桑蚕丝绸业并未完全复苏。此外，下昂与菱湖之间相距约30里，可以乘坐航船往来。

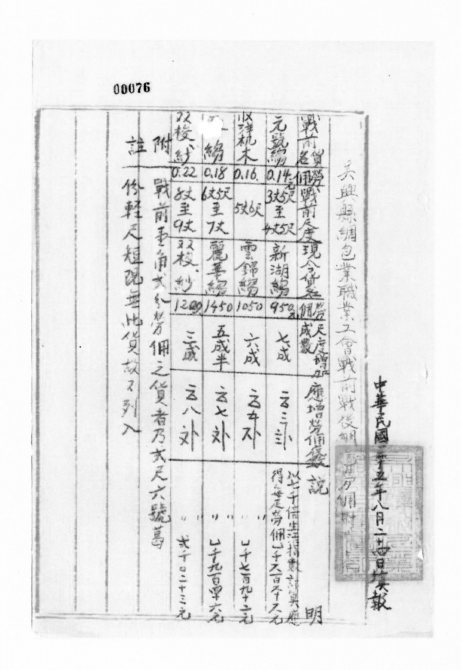

题名：民国三十五年（1946）吴兴县绸包业职业工会战前战后绸包劳佣对比表

来源：湖州市档案馆提供

按：从这张对比表中可以看出：抗战前，三丈五尺到四丈五尺元号绉的佣金为0.14元，五丈六尺收洋机木的佣金为0.16元，八丈至九丈双梭纱的佣金为0.22元。但是，到了1946年，新湖绉、云锦绉、丽华绉、双梭纱的佣金大幅增加，这与当时的法币贬值有很大关系。

00064

包佣今昔倍數比較表

綢別	長度	戰前佣金	綢別	長度	現在佣金倍數
以搖線綢	五丈	一角二分	新湖綢	六丈八尺	九百五十元 六千倍
廠綢	八丈	一角四分	雲錦綢	八丈	一〇五十元 七千五百倍
大偉呢	十丈	一角八分	雙梭箱	十丈	一千二百廿元 六千八百倍
紗羅	九丈	一角八分	紗綢	九丈	一千二百廿元 六千八百倍
			麗華綢	九丈三尺至十丈	一千二百元

說

一、前項佣金均以每疋計算

二、搖線綢與新湖綢今昔長度不同但其倍數已減計在内然以現在線

明

綢及米價倍數而論趙出確屬相當龐大合併註明

题名： 民国三十五年（1946）包佣今昔倍数比较表

来源： 湖州市档案馆提供

按： 从这张对比表可以看出：抗战前，五丈收摇线绸佣金为1角2分，八丈厂绸的佣金为1角4分，十丈大伟呢佣金为1角8分，九丈纱罗佣金为1角8分。到了1946年，单从数据上看，新湖绸、云锦绸、收纱等的佣金出现了6000倍以上的增长，但这并不代表购买力的增长，只是货币贬值的体现。

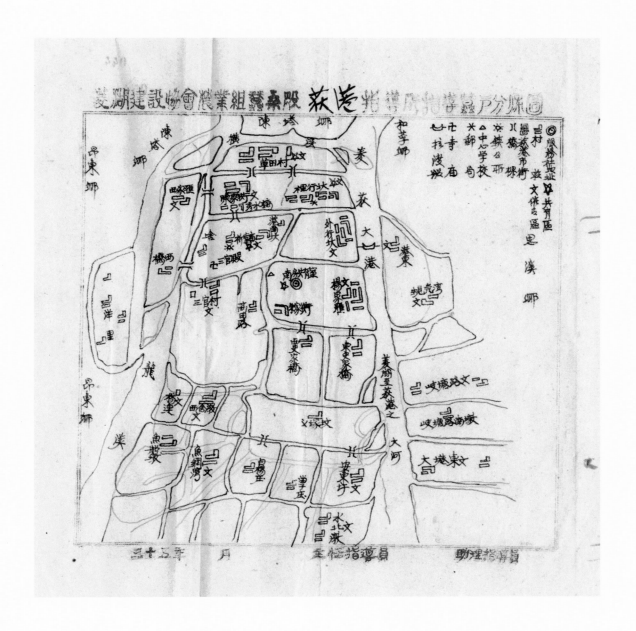

题名：民国三十五年（1946）菱湖建设协会农业组蚕桑股荻港指导所指导蚕户分布图

来源：湖州市档案馆提供

按：这张蚕户分布图详细记录了共育区、催青区、村庄等场所的分布情况。菱湖建设协会对蚕桑业十分重视，专门设立蚕桑推广部，着力恢复和发展被日军破坏的桑蚕业，征订蚕桑恢复发展计划，设立青树实验农场，并成立了40处共育室，以每保为基础成立蚕业生产合作社。

题名：民国三十六年（1947）吴兴天昌练染工厂执照

来源：湖州市档案馆提供

按：这张1947年经济部的执照详细记录了吴兴天昌练染工厂的相关信息。工厂由钮介臣兴建，主要从事练染丝织品及有关业务，资本总额为50万元国币，分为1万股，每股为50元国币。

钮介臣是湖州著名的丝绸实业家。在创办达昌绸厂后，又集资合股创办天昌炼染厂，形成收茧、缫、织、染、印一体化，把握了各生产环节，使产品质量精益求精，创出了许多名牌产品，赢得了很高的商业信誉。

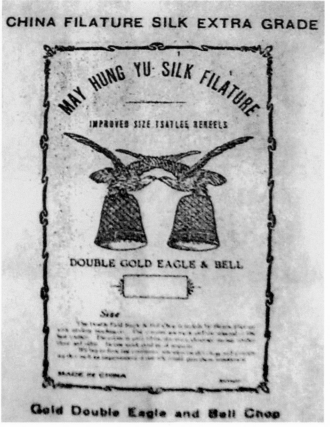

题名：梅恒裕丝经行著名品牌"金鹰钟"牌商标与"飞马"牌商标

来源：南浔辑里湖丝馆提供

按：梅恒裕的创办人为梅鸿吉（字月槎）。梅鸿吉幼年读过私塾，后因家贫而辍学，不得不跟随姑丈学做生意。成年后，他逐渐熟悉生意经，在南浔的丝行埭和上海的二洋泾办起了自己的丝行，即梅恒裕丝经行。梅鸿吉逝后，儿子梅福塘（经营南梅恒裕丝经行）、福培（经营北梅恒裕丝经行）继承其业。到了福塘的儿子梅履中、梅履正时，他们注重辑里丝经改良和新产品的开发，先后推出"绣麟""金鹰钟""飞马""黑狮""蓝龙""荷花""梅月""梅石"等多个品牌。

题名：苏州商业户籍表

来源：苏州市档案馆提供

按：这张苏州商业户籍表中，主要是湖绉绵绸裱绫业公会人员，其中钱昆青、王竹经、施作人等都是吴兴人。据此可以看出，民国时期，许多湖州人在苏州开设经营丝绸产品的商铺。

题名：观察中国人养蚕

来源：湖州市图书馆提供

按：图片出自《中国养蚕法：在湖州的实践与观察》一书。书中不仅有湖州的养殖民俗、桑基鱼塘，还有湖泊、山川、寺庙、桥梁，以及当时湖州的官员和蚕农形象，是湖州人较早的图像记录。这些珍贵的图片成为湖州丝绸传统养蚕技术和风俗的极佳史料，也为中国蚕桑丝绸史添上浓墨重彩的一笔。

19世纪中叶，家蚕微粒子病在地中海沿岸肆虐多年，意大利作为该产区的产丝大国，产丝量大幅下降，致使其霸主地位一去不返。为了寻找健康的蚕种，意大利蚕桑专家葛斯德拉尼率领一支由7人组成的商业科考探险队于1859年来到湖州，在这里进行了一次为期50天左右的养蚕科研对比实验，并详细记录笔记，后来得以出版。

后 记

2022年，湖州市档案馆编纂了《湖州契约档案文献图鉴》，将清代至民国的契约档案进行筛选汇集，并撰写按语，受到社会好评。为此，湖州市档案馆计划以此书为契机，对具有湖州地方特色的档案，进行汇集并解析。

湖州自古就有"丝绸之府、鱼米之乡"的美誉，湖州市档案馆一直打算编纂《湖州丝绸档案文献图鉴》，但苦于丝绸档案不足，未能启动该工作。机缘巧合，湖州市档案馆工作人员得知钱学明先生手中有大量湖州的丝绸资料后，旋即对接。钱学明先生得知用途后，十分热情，并亲自将自己的珍藏档案扫描后提供给湖州市档案馆。在钱学明先生丝绸档案资料的基础上，湖州市档案馆深挖馆藏，多次赴中国第一历史档案馆、中国第二历史档案馆、中国丝绸博物馆、上海市档案馆、浙江省档案馆、苏州市档案馆等国家综合档案馆和地方专业馆查询档案，得到相关单位的大力支持，获取有关湖州丝绸档案数字化副本。

在慎一虹女士的沟通协调下，湖州市档案馆从上海图书馆、湖州市博物馆、湖州市图书馆获取了大量十分有价值的湖州丝绸档案。在南浔区档案馆的支持下，从南浔辑里湖丝馆征集了许多宝贵的丝绸档案。

此书的编纂过程中，对市档案馆遇到的问题，盛良君先生不辞劳苦，每次都深入研究并给出详尽的答案。张剑先生、吴申声先生为该书提出大量宝贵的意见。潘新年先生、蔡忍冬先生、陆剑先生、潘继斌先生等也提供了许多丝绸资料。此外，陈国强先生、朱炜先生、吴永祥先生等也积极提供线索。

在此，湖州市档案馆对以上单位和个人致以诚挚的谢意！

由于时间紧、人手少、能力不足、资料有限等原因，书稿中难免有疏漏和不足之处，敬请各级领导和广大读者批评指正，提出宝贵意见。

湖州市档案馆

2024年6月

图书在版编目（CIP）数据

　　湖州丝绸档案文献图鉴 / 湖州市档案馆编. -- 杭州 ：
西泠印社出版社，2024. 6. -- ISBN 978-7-5508-4557-2

　　Ⅰ. TS145.3-64

　　中国国家版本馆CIP数据核字第2024R62L46号

湖州丝绸档案文献图鉴

湖州市档案馆　编

责任编辑	陶铁其	
责任出版	冯斌强	
责任校对	刘玉立	
装帧设计	李西彬	
出版发行	西泠印社出版社	

（杭州市西湖文化广场 32 号 5 楼　邮政编码　310014）

经　　销	全国新华书店
制　　版	杭州尚俊文化艺术策划有限公司
印　　刷	浙江全能工艺美术印刷有限公司
开　　本	889mm×1194mm　1/16
字　　数	200 千
印　　张	10.25
印　　数	0001—1000
书　　号	ISBN 978-7-5508-4557-2
版　　次	2024 年 6 月第 1 版　2024 年 6 月第 1 次印刷
定　　价	100.00 元